河北省高等学校科学研究计划（青年拔尖人才计划）项目"产教融合视域下面向产业升级的职业本科教育课程改革研究"（BJS2024010）

基于社会需求的工程造价职业本科专业人才培养方案研制

鲍东杰　张广峻　王　争　李　静◎著

河海大学出版社

·南京·

图书在版编目(**CIP**)数据

基于社会需求的工程造价职业本科专业人才培养方案研制 / 鲍东杰等著. -- 南京：河海大学出版社，2025.4. -- ISBN 978-7-5630-9719-7

Ⅰ．F285

中国国家版本馆 CIP 数据核字第 2025W5U938 号

书　　名	基于社会需求的工程造价职业本科专业人才培养方案研制
	JIYU SHEHUI XUQIU DE GONGCHENG ZAOJIA ZHIYE BENKE ZHUANYE RENCAI PEIYANG FANG'AN YANZHI
书　　号	ISBN 978-7-5630-9719-7
责任编辑	高晓珍
特约校对	曹　丽
装帧设计	徐娟娟
出版发行	河海大学出版社
地　　址	南京市西康路 1 号(邮编：210098)
电　　话	(025)83737852(总编室)　(025)83722833(营销部)
经　　销	江苏省新华发行集团有限公司
排　　版	南京布克文化发展有限公司
印　　刷	广东虎彩云印刷有限公司
开　　本	787 毫米×1092 毫米　1/16
印　　张	13.75
字　　数	230 千字
版　　次	2025 年 4 月第 1 版
印　　次	2025 年 4 月第 1 次印刷
定　　价	79.00 元

前言
Preface

  2023年7月25日,中华人民共和国教育部副部长吴岩在国家轨道交通装备行业产教融合共同体成立大会上提出了现代教育体系建设的新基建"五金":"金专""金课""金师""金地""金教材"。"新基建"的五大任务:一要建好专业,把专业变成"金专";二要建好课程,"教改教改,改到深处是课程",真正在学生身上发生"化学反应",真正发生质量跃升的必须是"金课";三要建设师资队伍,"教改教改,改到痛处是教师",产教融合是培养"双师型"教师的必由之路,要把师资队伍的老师变成"金师";四要重视实践,"教改教改,改到难处是实践",要把实践基地变成"金地";五要建好教材,"教改教改,改到实处是教材",校企合作编教材,打造贴合课程的"金教材"。在五大任务中,"金专"是"五金新基建"的核心和目标。

  关于"金专"建设,有两个文件对其建设思路进行了明确指导:一是教育部、财政部《关于实施中国特色高水平高职学校和专业建设计划(2025—2029年)的通知》。在新一轮"双高"遴选文件中建设措施目标的可达成度中第一个二级指标,即打造"匹配需求、要素集聚"的"金专业",观测点一共有三个:①对接产业关键环节和企业核心岗位,精准定位专业群人才培养目标规格,校企共同制订人才培养方案,优化专业群课程体系、实践教学体系;②创新专业群人才培养模式,深入实践中国特色学徒制,企业深度参与人才培养全过程;③探索专业教育和职业培训多形式衔接,加强优质中等职业学校与高等职业学校衔接培养,稳步扩大中高、中本、高本衔接贯通培养规模,培养新质生产力发展急需紧缺的高技能人才。二是《教育部办公厅关于加强市域产教联合体建设的通知》中关于"五金"建设第一条,结合园区的产业发展规划,建立学校专业设置与园区产业协调联动机制，服务传统产业升级、新兴产业壮大、未来产业培育；确定联合体重点建设专业清单、改造升级专业清单、限制撤销专业清单，设置体现联合体特色的专业方向。

综合分析，可以发现"金专"建设核心是"匹配需求"和"要素集聚"，匹配需求即专业的设置和专业的规划要符合园区、地市乃至省域的重点产业，将专业落在支撑产业增长上；要素集聚则指的是专业、学校、企业、政府、科研机构、行业协会等多元主体共同围绕着人才培养赋能产业发展这条主线去整合资源，形成资源的集聚效应。职业教育作为与产业关联最为密切的教育类型，其教育特征以及服务区域经济社会发展的核心办学宗旨，决定了职业教育要把专业设在长在产业链上，建立专业"随产而动"的活力机制。职业院校要在明确政策导向、社会需求前提下进行专业建设。

河北科技工程职业技术大学（后简称"河北科工大"）于2021年获教育部批准升格为职业本科大学，并于当年开始招录首批职业本科专业学生，在职业本科专业人才培养方案制定层面积累了丰富经验。本专著是课题组团队围绕职业本科"五金"建设打造"金专业"，在多年专业研究积累与实践探索的基础上基于数智化理念及时形成的系列成果，并得到河北省职业教育教学改革研究与实践项目"河北省高职教育综合竞争力分析与职教强省建设策略研究"（2024ZJJGGA11）的基金资助，也集合了河北省高等学校科学研究计划（青年拔尖人才计划）项目"产教融合视域下面向产业升级的职业本科教育课程改革研究（BJS2024010）"和河北省教育科学研究"十四五"规划重点资助课题"基于综合评价的职业本科教师业绩评价体系构建与实施研究（2202054）"等教学改革研究课题的部分研究成果。

在职业本科"金专业"建设过程中，李贤彬、鲍东杰、周凌波、王秀华、李文静、曾玲、马英华、关键、张广峻、冯磊、辛东升、王争、李晓丹、刘霞、李静、崔立杰、孙超、孙继峰、赵栋等组成了校企联合研究团队。本专著为团队研究成果之一，通过专业战略定位分析、社会需求分析完成职业本科人才培养方案编制工作，并以职业本科专业"工程造价"为例形成一整套人才培养方案相关文件。内容包括职业本科专业人才战略定位分析报告、专业社会需求分析报告、专业设置论证报告、专业人才培养方案、核心课程标准等。

本专著由鲍东杰、张广峻、王争、李静等合著，分工如下：鲍东杰负责框架编制、统筹写作,并撰写前言和模块二;李静撰写模块一;张广峻撰写模块三;王争撰写模块四及核心课程标准。

  本专著在撰写过程中参阅了有关著作和论文,并经过省内外多位职业教育专家指导,获取了大量高质量的意见和建议,为用教育科技(石家庄)有限公司提供了全方位的支持,李文静、李晓丹辅助进行了大量的数据分析工作,在此一并表示感谢!

  本专著撰写过程历时一年,课题组成员为此付出了极大的心血和努力,但由于编者自身水平有限,对一些问题的理论认知和实践研究可能还存在片面性,难免存在纰漏和不足之处,敬请同行专家和广大读者批评指正。

著者

2025 年 1 月

目录
Contents

模块一 专业人才培养面向战略定位分析 ········· 001
　一、宏观外部环境分析 ········· 002
　二、专业现有定位分析 ········· 008
　三、变革能力意愿分析 ········· 010
　四、战略意向潜力分析 ········· 012
　五、变革核心能力分析 ········· 015
　六、战略定位结论建议 ········· 018

模块二 专业人才社会需求调研分析 ········· 023
　一、调研背景 ········· 024
　二、产业环境 ········· 024
　三、岗位需求 ········· 027
　　（一）成本管理员岗 ········· 027
　　（二）计量工程师岗 ········· 032
　　（三）合同管理岗 ········· 036
　　（四）项目招投标岗 ········· 040
　　（五）成本经理/成本主管岗 ········· 044
　　（六）报价工程师岗 ········· 049
　　（七）工程造价师/预结算经理岗 ········· 053

（八）预结算员岗 ·· 057
　　（九）装修工程师岗 ·· 062
　　（十）给排水/暖通工程岗 ·· 066
　　（十一）土木/土建工程师岗 ·· 070
　　（十二）安装工程师岗 ·· 075
　　（十三）园艺/园林/景观设计岗 ····································· 079
　　（十四）暖通工程师岗 ·· 083
　　（十五）公路/桥梁/港口/隧道工程岗 ································ 088
　　（十六）工程资料员岗 ·· 092
　　（十七）建筑施工现场管理岗 ······································ 096
　　（十八）融资顾问岗 ·· 100
　　（十九）咨询项目管理岗 ··· 104
四、调研结论 ··· 109
五、结果应用 ··· 110

模块三　专业设置论证 ·· 113
一、设置工程造价专业的必要性 ··· 114
　　（一）工程造价咨询行业发展迅速 ································ 114
　　（二）工程造价咨询行业亟须"三升级"式高层次技术技能人才
　　　　 ·· 116
　　（三）河北省造价咨询行业转型提质与专业人才需求 ············ 119
　　（四）开设河北省首个职业本科工程造价专业迫在眉睫 ········· 121
二、设置工程造价专业的可行性 ··· 123
　　（一）本科办学经验助力探索特色职业本科专业设置路径 ······· 123
　　（二）依托专业成绩优异，育人成果斐然 ························ 128
　　（三）师资队伍雄厚，专业实践丰富 ····························· 131
　　（四）科研平台坚实，团队成果显著 ····························· 132
　　（五）强化实训实践，增加资金投入 ····························· 136

三、专业发展规划 …… 138
 （一）建设目标 …… 138
 （二）建设措施 …… 139

四、保障措施 …… 143
 （一）机制保障 …… 143
 （二）经费保障 …… 143
 （三）条件保障 …… 143

五、招生专业信息表 …… 144

模块四　工程造价专业人才培养方案 …… 149

一、专业名称（专业代码） …… 150

二、培养目标 …… 150

三、入学基本要求 …… 150

四、学制与学位 …… 150

五、职业面向 …… 151

六、培养规格 …… 151
 （一）素质目标 …… 151
 （二）知识目标 …… 152
 （三）能力目标 …… 153

七、主要课程 …… 154

八、毕业标准 …… 157

九、课程结构 …… 157

十、课程设置与教学进程表 …… 157

十一、实施保障 …… 167
 （一）师资队伍 …… 167
 （二）实验实训条件 …… 167
 （三）教学资源 …… 168
 （四）质量保障 …… 168

十二、相关课程图表 ………………………………………… 169

附录 ……………………………………………………………… 173
  附录一 《建筑水暖电工程计量与计价》课程标准 …………… 174
  附录二 《工程管理 BIM 技术应用》课程标准 ………………… 183
  附录三 《建筑工程造价数字化应用》课程标准 ……………… 188
  附录四 《工程项目管理》课程标准 …………………………… 195

后 记 …………………………………………………………… 206

模块一

专业人才培养面向战略定位分析

河北科技工程职业技术大学工程造价专业长期致力于面向建筑行业的人才培养和社会服务。在职业教育聚焦"五金"新基建的全新历史时期，专业需充分找准定位，不断提升职业教育适应性、产教结合紧密性和人才培养针对性。为充分分析工程造价专业人才培养战略定位，本专业依托企业和学校联合研发的专业人才培养战略定位分析系统，以大数据和人工智能为主要技术手段，以专业社会需求数据、毕业生就业数据、专业校企合作数据等为数据基础，以PEST模型、安索夫矩阵、能力/意愿模型、波士顿矩阵、核心竞争力漏斗等模型为主要定性分析方法，全面分析工程造价专业面向产业的人才培养能力、意愿、优势，实现专业人才培养的精准定位。

一、宏观外部环境分析

为充分识别建筑行业的当前发展现状和未来发展趋势，工程造价专业以文本分析为基本方法，系统整理了对建筑行业有深刻影响的《关于开展城市更新示范工作的通知》《国家发展改革委 河北省人民政府关于推动雄安新区建设绿色发展城市典范的意见》《2023年工程造价咨询统计公报》等国家级、省级相关文件，并深入分析了《2024年工程造价行业发展趋势：机遇与挑战并存》等行业知名机构发布的权威报告。通过对上述文件、报告等内容的深度分析可以发现，目前建筑行业正呈现出如下总体发展趋势。

1. 建筑业总体发展格局

2023年，全国建筑业企业（指具有资质等级的总承包和专业承包建筑业企业，不含劳务分包建筑业企业，下同）完成建筑业总产值315 911.85亿元，同比增长5.77%；完成竣工产值137 511.82亿元，同比增长3.77%；签订合同总额724 731.07亿元，同比增长2.78%，其中新签合同额356 040.19亿元，同比下降0.91%；房屋建筑施工面积151.34亿平方米，同比减少1.48%；房屋建筑竣工面积38.56亿平方米，同比减少2.72%；实现利润8 326亿元，按可比口径计算比上年增长0.2%。截至2023年底，全国有施工活动的建筑业企业157 929个，同比增长10.51%；从业人数5 253.79万人，同比增长2.18%；按建筑业总产值计算的劳动生产率为464 899元/人，同比下降3.90%。

建筑业增加值增速高于国内生产总值增速，支柱产业地位稳固。2023年全年国内生产总值1 260 582.1亿元，比上年增长5.2%（按不变价格计算）。全年全社会建筑业实现增加值85 691.1亿元，比上年增长7.1%（按不变价格计算），增速高于国内生产总值1.9个百分点（图1-1）。

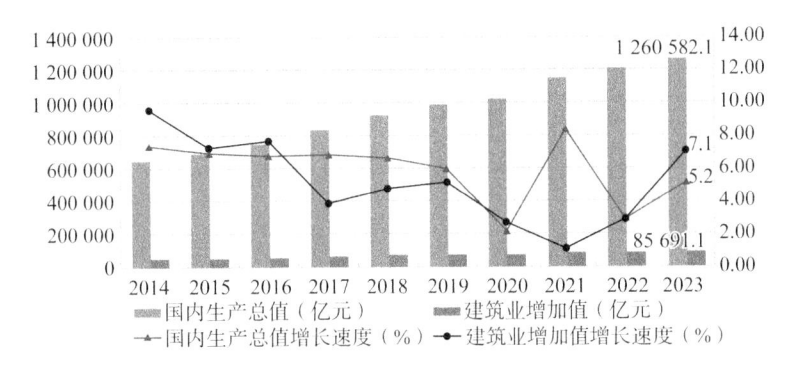

图1-1 2014—2023年国内生产总值、建筑业增加值及增速

2014—2023年，建筑业增加值占国内生产总值的比例始终保持在6.70%以上，2023年为6.80%（图1-2），建筑业国民经济支柱产业的地位稳固。

注：本书计算数据或因四舍五入原则，存在微小数值偏差。

图1-2 2014—2023年建筑业增加值占国内生产总值比重

建筑业总产值持续增长，竣工产值和在外省完成产值同步上升。2014年以来，随着我国建筑业企业生产和经营规模的不断扩大，建筑业总产值持续增长，2023年达到315 911.85亿元，比上年增长5.77%。增速较上年提高2.52个百分点（图1-3）。

2014—2023年间，建筑业竣工产值、在外省完成产值基本与建筑业总产值

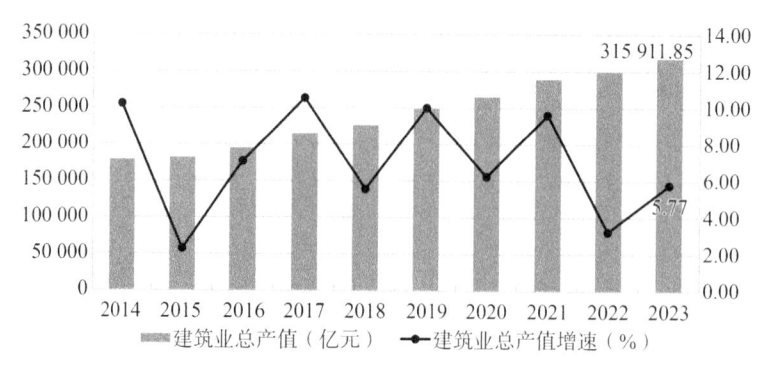

图 1-3　2014—2023 年全国建筑业总产值及增速

同步增长。2023 年建筑业竣工产值达到 137 511.82 亿元，比上年增长 3.77%（图 1-4）。

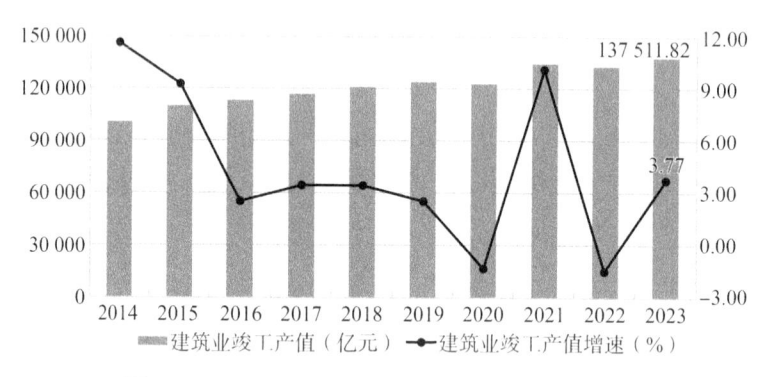

图 1-4　2014—2023 年全国建筑业竣工产值及增速

2. 工程造价行业正处于快速发展期

从 2016—2023 年住房和城乡建设部（后简称"住建部"）发布《工程造价咨询统计公报》的数据可知，截至 2023 年底，全国参加统计的工程造价咨询企业从 2016 年的 7 505 家上升为 15 284 家，年平均增长率为 10.69%；工程造价咨询企业从业人员从 462 216 人增长到 1 207 491 人，年平均增长率为 14.70%；参加统计的企业实现营业利润从 182.29 亿元增长到 2 266.68 亿元，年平均增长率为 43.34%。从公布的数据看，工程造价咨询企业、从业人员、企业的营业利润均呈现较高的数值，并且正处于快速增长的阶段。

河北省建筑业是当地国民经济的重要支柱产业，近年来，河北省把发展绿色建筑作为转型升级的有力抓手,致力于将传统建筑业转型为绿色建造产业。2023年,全省城镇竣工建筑中绿色建筑占比99.88%,星级绿色建筑占比43.51%,处于全国第一梯队;当年新开工被动式超低能耗建筑201.2万平方米,提前完成195万平方米的年度任务,目前已累计建设1 000万平方米,保持全国领先。

隶属于河北绿色建造产业的工程造价咨询行业同步发展壮大。根据《2023年工程造价咨询统计公报》,截至2023年底,河北省参加统计的工程造价咨询企业有563家,比2016年的348家增长了61.8%。2023年底,河北省拥有的工程造价咨询企业数量居全国第9位,工程造价咨询业务收入合计21.6亿元,工程造价咨询企业从业人员共计31 356人。

3. 基于数字技术的造价咨询将成主流

基于建筑行业的总体发展环境分析可以发现,建筑行业中未来将以"数智+造价"全过程造价咨询、应对大型复杂工程造价咨询工作、多专业综合造价咨询工作等细分领域作为重点发展方向。全过程造价管理关键技术应用如图1-5所示,其中,投资估算机器人、BIM全过程投资监控、智慧造价等成为核心业务形态。

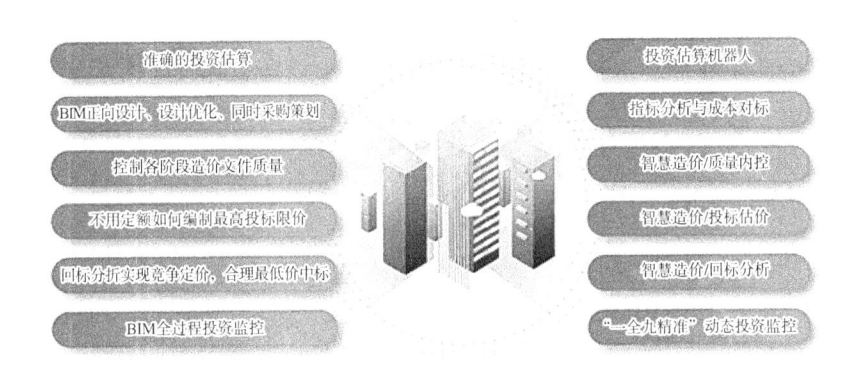

图1-5 全过程造价管理关键技术

在全过程造价管理中,对于数字技术的深度应用成为行业业务发展的核心态势,图1-6为全过程造价"一全九精准"示意图。

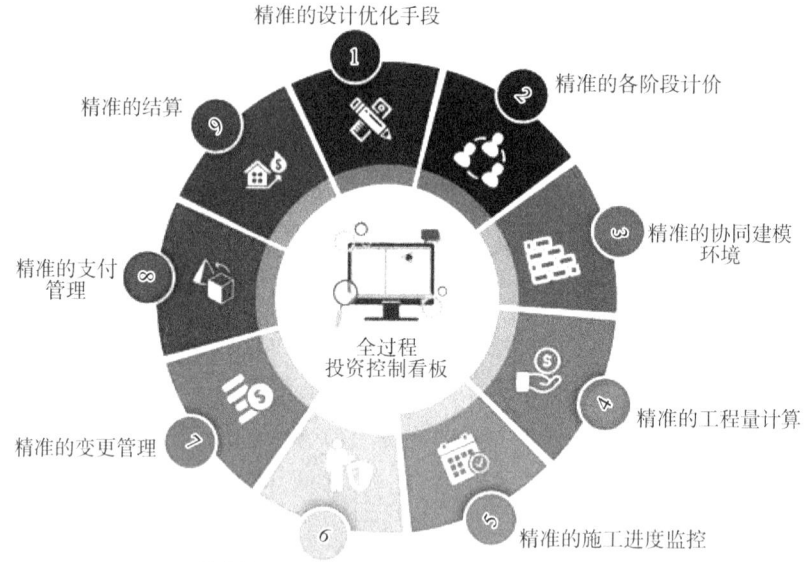

图 1-6 全过程造价"一全九精准"示意图

在全过程造价中,数字化技术、智能化技术被深度应用,成为全过程造价的核心支撑。其中又以 BIM、云计算、人工智能等技术运用最为深入,图 1-7 为基于数字技术的造价管理架构。总体而言,全过程造价中的数字化技术主要包括以下技术应用:

(1) BIM(建筑信息模型)技术:用于设计、建造和管理建筑以及基础设施的数字化方法。

(2) 云计算平台:提供数据存储、处理和分析服务,支持远程协作和数据共享。

(3) 大数据分析:分析历史数据以预测成本、风险和市场趋势。

(4) 人工智能(AI)和机器学习:自动化常规任务,提高决策的准确性。

(5) 虚拟现实(VR)和增强现实(AR):用于模拟和可视化建筑项目,提高设计和规划的效率。

(6) 项目管理软件:集成项目规划、执行和监控的工具。

(7) 电子招投标系统:提高招投标过程的透明度和效率。

(8) 移动计算技术:使现场工作人员能够实时访问和更新项目数据。

(9) 智能合约:自动化合同执行,减少争议和提高透明度。

（10）自动化成本估算工具：快速准确地估算项目成本。

（11）风险管理软件：识别、评估和管理项目风险。

"数字造价管理"理想场景

智能化计价，首先是利用云+大数据技术积累造价数据，通过历史数据与价格信息形成自有市场定价方法；其次是以BIM模型为基础，集成造价组成的各要素，通过造价大数据结合人工智能技术，实现智能开项、智能算量、智能组价、智能选材定价、价值提升，有效提升计价工作效率及成果质量。

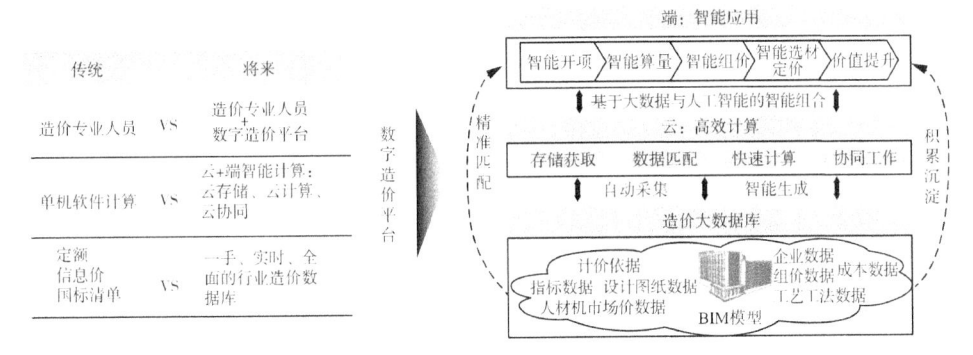

图 1-7　基于数字技术的造价管理架构

4. 面向大型复杂工程的造价咨询对从业者提出更高要求

大型复杂工程造价咨询主要针对大型、复杂、技术难度高、涉及多个专业领域的工程项目，提供从项目前期策划、设计阶段、施工阶段到竣工结算的全过程造价管理与咨询服务。其目的是通过专业的技术和管理手段，帮助业主或项目管理者合理控制工程造价，确保项目投资效益最大化，同时规避或降低造价风险。在建筑行业进入深化发展、城市大规模更新改造等阶段的历史时期，面向大型复杂工程的造价咨询主要呈现以下重点和难点。

（1）业务重点

全过程造价管理：大型复杂工程需要从项目立项、设计、施工到竣工验收的全生命周期进行造价管理。全过程造价咨询能够避免信息割裂，减少资源浪费，提高项目投资效益。

投资控制与成本管理：合理确定和有效调控建设工程造价是核心工作。在投资决策阶段，利用前期论证和投融资规划，保证项目可行并降本提质。在施工阶段，对投资进行动态控制。

合同管理与风险防范：对合同条款进行详细审核，明确各方权利和义务，避免因合同漏洞导致的造价纠纷。同时，对合同内风险防范点进行着重梳理，避免违约风险。

信息收集与分析：建立全面的项目信息管理系统，确保及时、准确地收集和更新项目数据。通过信息化平台和数据分析技术，提高造价咨询的效率和准确性。

沟通协调：加强与项目各方的沟通和协调，促进利益相关者之间的合作和共识。这有助于解决各方利益冲突，确保项目顺利推进。

（2）业务难点

规模庞大与复杂性高：大型复杂工程涉及大量的材料、设备和人力资源，项目规模庞大，协调管理难度大。工程规模较大、涉及专业较多，工程量计算较为复杂。

招标控制价确定难度大：在初步设计审批完成后进行发包，概算造价往往难以保证其完整性和准确性，导致招标控制价设置不合理。

建设风险高：大型复杂工程的风险较高，一旦管理出现重大问题，项目可能面临巨大风险，甚至导致项目失败。

信息不对称与数据不完整：项目信息不对称和数据的不完整性给全过程造价咨询带来了困难。需要采取有效的信息收集和分析方法。

结算审核复杂：大型复杂工程结算审核内容复杂，涉及多个施工单位和复杂的现场情况，容易出现签证不实、高套定额等问题。

技术要求高：随着数字化转型加速，工程造价咨询行业需要掌握大数据、云计算、人工智能等技术，以提高工程造价的准确性和效率。

二、专业现有定位分析

战略定位最早由安德鲁斯(Kenneth R. Andrews)在其《公司战略的概念》一书中提出，并首先应用于市场营销和组织行为学等领域。高校作为高等教育公共事业的主要实施载体，在战略定位、竞争策略方面同样适用这一理论。战略定位和竞争理论的核心要义在于在组织和其环境之间建立联系，通过准确的战略定位和战略目标，使组织在产业内部获得最佳位置，并通过影响和作用于各种外部竞争力量来保护这一位置。

准确分析当前定位态势是确定未来战略定位的基础。工程造价专业以毕业生就业现状、专业技术合作企业为主要切入视角，分析了当前专业人才培养的基本定位，并得到以下分析结果。

1. 毕业生主要就业行业

毕业生当前主要在建筑业就业，土木工程建筑、工程施工、房地产开发与经营等是其核心就业行业。其中，建筑业为毕业生就业的最主要行业面向，毕业生在此行业就业占比近100％，毕业生在土木工程建筑、工程施工、房地产开发与经营行业就业的占比也分别达到80％、70％、60％左右。

2. 专业主要技术合作行业

本专业当前主要面向建筑/建材/工程领域，土木工程建筑、房地产开发与经营等行业企业开展技术合作。其中，合作企业主要属于建筑/建材/工程行业，占比100％左右，重点面向建筑业中土木工程建筑、房地产开发与经营行业企业比例可达到80％、70％、60％左右。

3. 专业主要面向岗位群体

在毕业生主要就业行业和专业主要技术合作行业中，工程造价师/预结算经理（建筑业）、工程造价师/预结算经理（房地产业）、工程造价师/预结算经理（租赁和商务服务业）等岗位的需求量较大，与本专业相关性较高。相对应的，在这些行业中，工程造价师/预结算经理（水利、环境和公共设施管理业）、工程造价师/预结算经理（金融业）、工程造价师/预结算经理（租赁和商务服务业）、工程造价师/预结算经理（电力、热力、燃气及水生产和供应业）、工程造价师/预结算经理（房地产业）等岗位属于关联岗位，与高需求岗位具有比较明显的工作职能交集和专业需求交集，也属于与本专业关联度较高的职位需求。

综合以上信息，根据专业实际情况和未来产业发展重点方向，本专业将以建筑业、建筑/建材/工程行业作为本专业的重点面向行业，开展人才培养、技术合作和社会服务等工作。

三、变革能力意愿分析

基于产业政策及行业发展态势分析结果、专业当前战略定位态势,工程造价专业面向建筑行业及其部分细分领域,并根据专业当前毕业生就业现状和技术合作企业情况,以社会需求大数据分析结果为基础,针对性地选取了工程造价师/预结算经理(建筑业)、建筑施工现场管理(建筑业)、建筑施工现场管理(房地产业)等 67 个社会真实需求职位进行进一步分析,判断专业当前对这些职位的培养能力和培养意愿。

能力-意愿模型原为组织行为学领域的二维管理模型,通过建立代表能力水平的横轴和代表意愿水平的纵轴,将组织成员大体划分为"高能力高意愿""高能力低意愿""低能力高意愿""低能力低意愿"四类群体,并对不同群体实施不同的管理和激励策略。这一模型后被广泛应用于组织管理中的人员管理、绩效管理、能力管理等不同方面。在高等教育专业人才培养工作中,专业可以通过这一模型的分析,为实施专业人才培养工作未来战略方向判断提供依据。

工程造价专业以课程开设情况作为基本判断依据,对与本专业具有相关关系的职位进行了能力意愿判断。通过判断课程是否"已经"或"能够"支撑相关职位,对能力意愿模型进行适应性改造,分析专业当前定位态势和未来定位策略。根据能力-意愿模型分析结果,工程造价专业对这些专业相关职位的人才培养呈以下态势(图 1-8)。

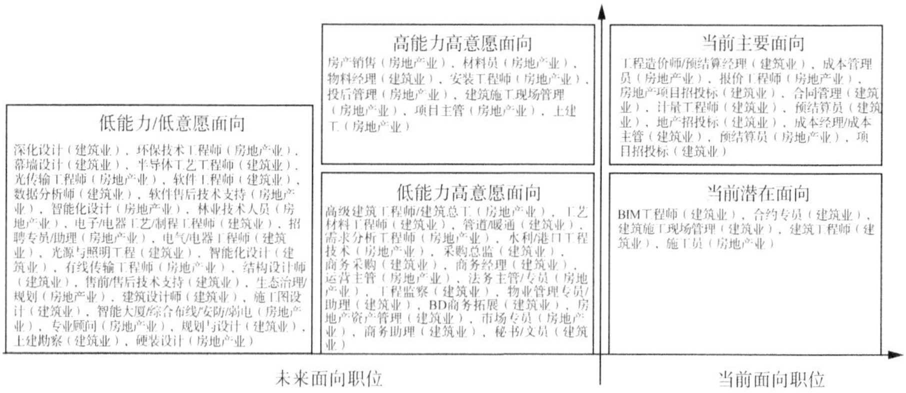

图 1-8 专业人才培养能力意愿分析结果

1. 专业主要职位面向

专业目前以工程造价师/预结算经理（建筑业）、成本管理员（房地产业）、报价工程师（房地产业）、房地产项目招投标（建筑业）、合同管理（建筑业）、计量工程师（建筑业）、预结算员（建筑业）、地产招投标（建筑业）、成本经理/成本主管（建筑业）、预结算员（房地产业）等职位为人才培养主要职位面向。对于这些职位需求，专业已经通过开设必修课程等形式有效实现了职位所需能力的培养。该培养模式是专业现有战略定位的核心组成部分。

2. 专业潜在职位面向

专业目前对 BIM 工程师（建筑业）、合约专员（建筑业）、建筑施工现场管理（建筑业）、建筑工程师（建筑业）、施工员（房地产业）等职位需求能够在一定程度上实现对学生的必要培养。对于这些职位需求，专业通过开设选修课、方向课等形式，对有意向从事这些职业的学生进行必要的培养，能够为学生从事此类职业提供基本职业能力。该类职业能力培养是专业现行战略定位的重要组成部分。

3. 专业高培养能力职位面向

专业目前对房产销售（房地产业）、材料员（房地产业）、物料经理（建筑业）、安装工程师（房地产业）、投后管理（房地产业）、建筑施工现场管理（房地产业）、项目主管（房地产业）、土建工（房地产业）等职位需求暂未实现有效培养，但专业具有面向这些职位开设相关课程和教学环节的能力和意愿。这些职位所需能力多属于本专业教师学术或技术专业领域，同时专业具有培养这些岗位所需能力的实训设施、实训场地、合作企业等必要教学条件。此外，专业也具有面向这些岗位的强烈变革意愿，具有较强的主观能动性。这些岗位将成为专业新一轮人才培养战略定位中的重点关注对象。

4. 专业低培养意愿职位面向

专业目前对高级建筑工程师/建筑总工（房地产业）、工艺材料工程师（建筑业）、管道/暖通（建筑业）、需求分析工程师（房地产业）、水利/港口工程技术（房地产业）、采购总监（建筑业）、商务采购（建筑业）、商务经理（建筑业）、运营主管

（房地产业）、法务主管/专员（房地产业）等职位需求暂未实现有效培养，且专业对面向此类岗位开展人才培养的意愿相对较低。虽然专业当前具备培养相关职业能力的专业基础条件和能力，但受到各方面因素影响，专业对这些职位的培养意愿并不强烈。这些职位将成为专业新一轮人才培养战略定位中的潜在职位，需要对其进行持续观察，并进行进一步深入分析。

四、战略意向潜力分析

结合专业人才培养的当前战略定位、未来变革能力意愿等不同因素，专业对当前主要面向职位、潜在面向职位、高培养能力岗位进行了进一步分析，并通过波士顿矩阵模型对这些岗位进行细化分类，以期识别专业已具备培养能力的职位面向的未来战略空间。

波士顿矩阵模型由波士顿咨询集团首先提出，并最早应用于商业及产品分析领域。波士顿矩阵模型通过建立基于相对市场份额和市场增长率的二维分析模型，将被分析对象（商品或业务）划分为问题类、明星类、金牛类、瘦狗类共四种不同类型，分别代表高增长但低份额、高增长且高份额、低增长但高份额、低增长且低份额形态的产品或服务。这一理论被广泛应用于组织管理中对于产品和业务的资源投入策略分析。高等院校和专业作为高等教育公共服务的主要提供者，毕业生是其核心的"产品"。结合波士顿矩阵模型的划分方式，可以将毕业生实际从事某一职位的数量视作理论模型中的"相对市场份额"维度、将该职位的未来发展前景视作理论模型中的"市场增长率"维度，对专业可能的人才培养面向进行深入分析。

以这一理论模型为基础，本专业对已具备培养能力的职位面向进行了进一步划分，并得到以下分析结果（图1-9）。

1. 低就业但前景广阔类职位

本专业毕业生目前在BIM工程师（建筑业）、物料经理（建筑业）、高级建筑工程师/建筑总工（房地产业）、管道/暖通（建筑业）、需求分析工程师（房地产业）、水利/港口工程技术（房地产业）、投后管理（房地产业）、成本经理/成本主管（建筑业）、法务主管/专员（房地产业）、BD商务拓展（建筑业）等职位就业规

就业比例

高就业但前景有限
房地产项目招投标（建筑业）、运营主管（房地产业）、建筑工程师（建筑业）、地产招投标（建筑业）、工程监察（建筑业）、施工员（房地产业）、项目招投标（建筑业）、土建工（房地产业）

高就业且前景广阔
工程造价师/预结算经理（建筑业）、成本管理员（房地产业）、合约专员（建筑业）、报价工程师（房地产业）、建筑施工现场管理（建筑业）、合同管理（建筑业）、计量工程师（建筑业）、采购总监（建筑业）、商务采购（建筑业）、商务经理（建筑业）、预结算员（建筑业）、建筑施工现场管理（房地产业）、预结算员（房地产业）

发展前景

低就业且前景有限
房产销售（房地产业）、材料员（房地产业）、工艺材料工程师（建筑业）、安装工程师（房地产业）、物业管理专员/助理（房地产业）、项目主管（房地产业）、市场专员（房地产业）、秘书/文员（建筑业）

低就业但前景广阔
BIM工程师（建筑业）、物料经理（建筑业）、高级建筑工程师/建筑总工（房地产业）、管道/暖通（建筑业）、需求分析师（房地产业）、水利港口工程技术（房地产业）、投后管理（房地产业）、成本经理/成本主管（建筑业）、法务主管/专员（房地产业）、BD商务拓展（建筑业）、房地产资产管理（建筑业）、商务助理（建筑业）

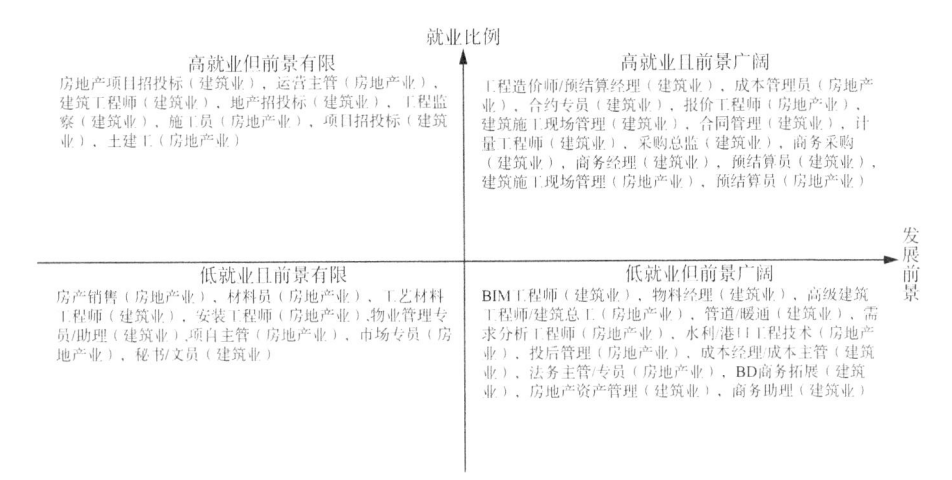

图 1-9　专业人才培养定位意向潜力态势

模相对有限，但这些职位具有较为广阔的发展前景，属于"潜在型"职业面向。此类职位多属于专业新兴培养面向的初始阶段，表明专业可尝试面向新岗位开展人才培养。虽然职业就业前景广阔，但由于市场发展不充分、存在一定外部竞争、专业自身条件仍有明显差距等因素，对专业人才培养而言，呈现出机会和风险并存的格局。如以这些职位作为未来专业定位面向，专业需加大资源投入，全面更新人才培养内容、条件等，将面临较高的培养成本。考虑到这类职位的广阔发展前景，专业将以此类职位作为专业未来定位的潜在变革方向之一，在条件允许的情况下予以重点考虑。

2. 高就业且前景广阔类职位

本专业毕业生目前在工程造价师/预结算经理（建筑业）、成本管理员（房地产业）、合约专员（建筑业）、报价工程师（房地产业）、建筑施工现场管理（建筑业）、合同管理（建筑业）、计量工程师（建筑业）、采购总监（建筑业）、商务采购（建筑业）、商务经理（建筑业）等职位就业数量较多，且这些职位具有较为广阔的发展前景，属于"明星类"职业面向。这类职位具有较强的职业竞争力和未来发展空间，为毕业生的长期发展和专业的人才培养提供了较为充分的未来机会。但此类职位多属于市场新兴职位、前沿职位、高端职位，从就业视角而言，求职者往往面临较为激烈的求职竞争，从人才培养视角而言，专业亦需持续加大投入,在教学内容、教学条件等方面不断提升,以满足此类优质职位不断提升的人才质量要求。考虑到目前专业已有一定规模毕业生在此类岗位中实际就业,专业已具备面向此类职位开展人才培养的基础条件,因此,这类职位将作为专业未来战略定位中的核心变革方向予以重点考虑。

3. 高就业但前景有限类职位

本专业毕业生目前在房地产项目招投标(建筑业)、运营主管(房地产业)、建筑工程师(建筑业)、地产招投标(建筑业)、工程监察(建筑业)、施工员(房地产业)、项目招投标(建筑业)、土建工(房地产业)等职位就业数量较多,但这些职位的发展前景相对有限,属于"金牛类"职业面向。这类职位属于就业市场中的主力职位,具有容纳就业数量大、就业难度较低、从业者能力模型相对稳定、具有相对广阔的院校基础等特点,属于就业市场及高校人才培养面向的传统、经典岗位,专业对此类职位具有较好的培养能力和条件基础。此类职位将为专业带来相对稳定的就业空间,能够保障专业就业工作的"低风险"开展,也将为专业人才培养提供学生就业角度的基本保障。对于此类职位,专业将作为培养面向定位中的重要补充部分,以对冲"明星类""潜在型"面向带来的就业压力。

4. 低就业且前景有限类职位

本专业毕业生目前在房产销售(房地产业)、材料员(房地产业)、工艺材料工程师(建筑业)、安装工程师(房地产业)、物业管理专员/助理(建筑业)、项目主管(房地产业)、市场专员(房地产业)、秘书/文员(建筑业)等职业就业数量较少,并且这些职位的发展前景相对有限,属于"瘦狗类"职业面向。这些职位在就业市场中多处于行业发展底端或行业发展末期,求职者的从业意愿弱、从业者数量基本饱和且流动性较低,属于高校人才培养的被动面向岗位。此类职位虽也能为专业带来一定就业空间,但受到职位质量影响,这些职位未来将逐渐边缘化甚至退出就业市场。对于此类职位,专业将不作为未来战略中的重点考察部分。

综合以上四类不同职位,本专业未来重点将工程造价师/预结算经理(建筑业)、成本管理员(房地产业)、合约专员(建筑业)、报价工程师(房地产业)、建筑施工现场管理(建筑业)、合同管理(建筑业)、计量工程师(建筑业)、采购总监

(建筑业)、商务采购(建筑业)、商务经理(建筑业)、预结算员(建筑业)、建筑施工现场管理(房地产业)、预结算员(房地产业)等职位作为核心面向,将 BIM 工程师(建筑业)、物料经理(建筑业)、高级建筑工程师/建筑总工(房地产业)、管道/暖通(建筑业)、需求分析工程师(房地产业)、水利/港口工程技术(房地产业)、投后管理(房地产业)、成本经理/成本主管(建筑业)、法务主管/专员(房地产业)、BD 商务拓展(建筑业)、房地产资产管理(建筑业)、商务助理(建筑业)等职位作为重点发展和潜在面向,将房地产项目招投标(建筑业)、运营主管(房地产业)、建筑工程师(建筑业)、地产招投标(建筑业)、工程监察(建筑业)、施工员(房地产业)、项目招投标(建筑业)、土建工(房地产业)等职位作为就业基本面向和补充面向予以考虑,并结合其他战略定位策略进行全面评量。

五、变革核心能力分析

核心竞争力概念最早由 C. K. Prahalad 和 Gary Hamel 两位大学教授于 1990 年在著名的《哈佛商业评论》上发表的《公司核心竞争力》一文中提出,他们将核心竞争力定义为"组织中的积累性学识,尤其是关于如何协调不同的生产技能和有机结合多种技能的学识"。就高等教育领域而言,高等院校的核心竞争力被进一步具体为在长期的教育教学实践中积累起来的知识体系,以其资源和能力为基础,对师资队伍、学科能力、科研能力、人才培养模式、组织管理、精神文化等竞争要素的战略整合,使学校获得持续竞争优势的能力。在核心竞争力理论的应用过程中,其形态逐渐演化成为通过占有性评估、持久性评估、目标性评估、替代性评估、竞争优势评估等评判维度和判断步骤,并最终被大量组织以多层级漏斗形式予以应用实践。

核心竞争力聚焦组织的内部能力,重点关注组织对其核心产品或服务实现能力的竞争优势性,是判断是否具有相应能力和能力水平的重要环节。专业在进行战略定位过程中,除需关注有哪些重要方向应作为战略定位外,更需关注这些潜在的战略定位能否在现有条件下顺利实现,或能否通过适度的投入达到可实现标准。本专业基于核心竞争力基本理论和实践方法,对通过现有定位分析、变革能力意愿分析、战略意向潜力分析等维度识别到的潜在战略定位职位面向进行进一步分析,判断本专业在这些面向上是否具有相较其他院校和专业的竞争优势,从而实现在战略定位过程中充分发挥自身优势的目的。

根据本专业对相关职位的核心竞争力判断,得到以下分析结果(图1-10)。

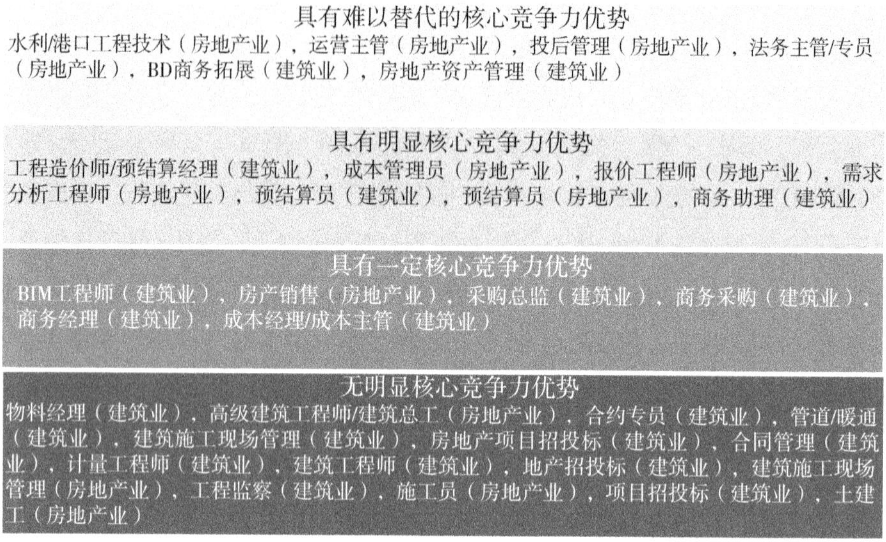

具有难以替代的核心竞争力优势
水利港口工程技术(房地产业),运营主管(房地产业),投后管理(房地产业),法务主管/专员(房地产业),BD商务拓展(建筑业),房地产资产管理(建筑业)

具有明显核心竞争力优势
工程造价师/预结算经理(建筑业),成本管理员(房地产业),报价工程师(房地产业),需求分析工程师(房地产业),预结算员(建筑业),预结算员(房地产业),商务助理(建筑业)

具有一定核心竞争力优势
BIM工程师(建筑业),房产销售(房地产业),采购总监(建筑业),商务采购(建筑业),商务经理(建筑业),成本经理/成本主管(建筑业)

无明显核心竞争力优势
物料经理(建筑业),高级建筑工程师/建筑总工(房地产业),合约专员(建筑业),管道/暖通(建筑业),建筑施工现场管理(建筑业),房地产项目招投标(建筑业),合同管理(建筑业),计量工程师(建筑业),建筑工程师(建筑业),地产招投标(建筑业),建筑施工现场管理(房地产业),工程监察(建筑业),施工员(房地产业),项目招投标(建筑业),土建工(房地产业)

图1-10 专业人才培养面向核心竞争力层级

1. 无明显核心竞争力优势职位

本专业目前在物料经理(建筑业)、高级建筑工程师/建筑总工(房地产业)、合约专员(建筑业)、管道/暖通(建筑业)、建筑施工现场管理(建筑业)、房地产项目招投标(建筑业)、合同管理(建筑业)、计量工程师(建筑业)、建筑工程师(建筑业)、地产招投标(建筑业)等职位面向上属于常规型职位面向。面对这类职位,专业现有的课程开设能力、师资队伍、基础条件等能够基本达到人才培养的基本要求,但相比其他同类院校和专业并不具有明显的竞争优势。在人才培养结果方面,毕业生如想从事此类职业,虽可达到用人单位的合格标准,但距离行业或岗位优秀人才标准仍具有一定差距,职业起点和未来发展空间受到一定限制。同时,此类职位具有在院校人才培养方面较激烈的外部竞争,专业难以形成明显的竞争优势壁垒,无法打造"护城河"效应。因此,对于以此类职位作为未来面向,本专业将持慎重态度,需结合就业广泛性、职业自身未来发展等因素进行进一步考虑。

2. 具有一定核心竞争力优势职位

本专业目前在 BIM 工程师（建筑业）、房产销售（房地产业）、采购总监（建筑业）、商务采购（建筑业）、商务经理（建筑业）、成本经理/成本主管（建筑业）等职位面向上具有一定竞争力优势。面对这类职位，专业现有的课程开设能力、师资队伍、基础条件等相较岗位需求和同类院校培养而言具有一定的竞争优势，不仅能够达到岗位需求的基本标准，而且具有一定的前瞻性，面向岗位未来发展适当超出基础水平，形成毕业生发展的潜力优势。对于此类职位，专业将保持积极态度，在毕业生就业前景、岗位前沿性和优质性、服务产业的高层次性等方面条件允许的情况下，作为专业未来战略定位的重点考虑对象。

3. 具有明显核心竞争力优势职位

本专业目前在工程造价师/预结算经理（建筑业）、成本管理员（房地产业）、报价工程师（房地产业）、需求分析工程师（房地产业）、预结算员（建筑业）、预结算员（房地产业）、商务助理（建筑业）等职位面向上具有明显核心竞争力优势。专业当前在课程开设、师资队伍、培养方式等方面呈现出较明显的特色性，与同类院校和专业相比形成了差异优势，能够为人才培养工作形成较强的竞争力。面向此类职位的人才培养已经成为本专业的品牌效应，为毕业生初次就业和未来职业发展提供了良好的基础和前景，也使毕业生能够在能力模型、基本素质等方面形成适应特定类型岗位需要的较高水平职业竞争力。此类职位是专业将重点坚持和发展的定位方向，在保证岗位前沿性和未来发展广阔性的前提下，专业将予以持续发展和提升。

4. 具有难以替代的核心竞争力优势职位

本专业目前在水利/港口工程技术（房地产业）、运营主管（房地产业）、投后管理（房地产业）、法务主管/专员（房地产业）、BD 商务拓展（建筑业）、房地产资产管理（建筑业）等职位面向上具有同类院校或专业难以替代的核心竞争力优势，是能够区分本专业与同类专业差异的最明显特征，也是本专业的"名片效应"的最直接体现。面向这些职位的人才培养，不仅是本专业的独特竞争优势，更是本专业必须肩负的重大使命。本专业毕业生在面向此类职位的时候多属于稀缺人才,掌握岗位所需核心能力,具有较强的不可替代性和唯一性,为毕业生的长期发展提供了充分的空间。此类职位是专业必须长期坚持的定位方向,后期需在各方面条件上不断保持乃至加大投入,以保持面向此类岗位培养能力的领先性。

综合以上四类不同职位,本专业未来重点将以水利/港口工程技术(房地产业)、运营主管(房地产业)、投后管理(房地产业)、法务主管/专员(房地产业)、BD商务拓展(建筑业)、房地产资产管理(建筑业)等职位作为核心优势人才培养面向,将工程造价师/预结算经理(建筑业)、成本管理员(房地产业)、报价工程师(房地产业)、需求分析工程师(房地产业)、预结算员(建筑业)、预结算员(房地产业)、商务助理(建筑业)等职位作为重点发展的面向,同时适当兼顾面向BIM工程师(建筑业)、房产销售(房地产业)、采购总监(建筑业)、商务采购(建筑业)、商务经理(建筑业)、成本经理/成本主管(建筑业)等职位培养的基本能力,以充分发挥本专业在人才培养工作上的竞争优势。

六、战略定位结论建议

在以PEST模型、安索夫矩阵、能力/意愿模型、波士顿矩阵、核心竞争力漏斗等模型为主要分析方法的基础上,本专业共通过现有定位分析、变革能力意愿分析、战略意向潜力分析和变革核心能力分析四个层级的分析,对从宏观环境分析中定位出的主要行业及重点岗位进行了充分梳理,并最终形成了基于四层级筛选的共53种有效战略定位态势。综合研判这53种战略定位的价值表现,本专业共识别出具有较高战略价值和较强战略优势的三类培养面向,其具体结果如下。

1. 核心优势,持续发展

当前核心优势方向主要包括报价工程师(房地产业)、预结算员(房地产业)、工程造价师/预结算经理(建筑业)、成本管理员(房地产业)、预结算员(建筑业)5个职位。这些职位面向的战略定位主要表现是,此类岗位具有较好的未来发展前景,专业当前已有课程能够对此类岗位实现较为充分或一定程度的支撑,专业毕业生在此类岗位就业已形成一定规模,同时专业在面向此类岗位开展人才培养中具有较强的核心竞争力。此类岗位可以较充分地利用专业现有条件打造竞争优势,并且能够为学生未来发展提供广阔空间,是专业将在未来一段时期内坚定坚持的定位面向。

在这些核心优势职位面向中,专业将重点聚焦优势表现特别明显的职位。这些职位对于本专业而言的特点是,当前专业课程能够有效支撑、岗位自身发展空间广阔且接受本专业毕业生数量持续上涨、专业面向此类岗位具有不可替代乃至难以模仿的竞争优势。这些职位面向能够最大程度地发挥专业优势,并且代表了建筑产业的未来发展方向,是本专业将重点发展的核心职位面向。

2. 未来方向,加大投入

未来方向型定位职位宜聚焦于数智化方向的岗位,根据系统分析尚未找到明确对应的职位,宜进行深入探索和研究。这些职位面向的战略定位主要表现是,当前专业已能够一定程度或有能力且有意愿面向此类职位开设相应课程。同时,这些职位具有较好的职业发展空间,已经表现出较为明显的产业高端性,且专业面向此类职位培养时具有较明显的竞争优势。虽然这些职位暂未表现出非常明显的产业前沿性,存在一定程度的发展风险,但这些职位能够为毕业生提供持续扩大的就业空间和就业机会,专业也能够在面向此类职位进行培养时发挥自身条件优势,形成先发效应,为专业未来发展和毕业生未来从业提供更大空间,充分实现自我价值。

在这些未来重点投入的职位面向中,专业将重点聚焦优势表现特别明显的职位。这些职位代表了产业发展的前沿方向,呈现出较为明显的职位优质性,并且专业已经具备了一定程度的培养基础。同时,专业在面向这些职位时具有较强的培养竞争力,能够充分发挥专业的核心竞争力,实现自身实际和产业前沿的充分结合。

3. 普遍需求,适当培育

普遍需求型定位主要包括地产招投标(建筑业)、建筑工程师(建筑业)、房地产项目招投标(建筑业)、项目招投标(建筑业)、施工员(房地产业)等职位。这类职位的战略定位表现是,具有较为广泛的社会需求但已基本趋于稳定,专业能够实现对此类面向的有效培养,但所受到的外部竞争也比较激烈,专业难以建立起有效的竞争壁垒,属于同类院校和专业能够共同面向的传统型职位。

考虑到这类职位的广阔就业空间,这类职位可以作为专业的基础培养面向。专业将面向此类职位进行自身条件的自我梳理和查漏补缺,确保专业能够持续、有效地开展人才培养,作为专业人才培养战略定位的补充型、保底型策略予以适当培育。

4. 有益补充,积极探索

有益补充型定位主要包括 BIM 工程师(建筑业)等职位。这类职位的战略定位表现是,职位需求数量、质量等方面呈现出较为明显的发展态势,但这些职位存在明显的不确定性风险。同时,专业有较强烈的意愿并且有能力探索发展面向此类职位的人才培养,专业也能够在此类职位上表现出一定的竞争优势。这类职位反映出了产业发展前沿的潜在可能,但暂未形成产业发展的主流趋势。这些职位将成为专业未来发展过程中的探索型面向,在保障核心战略面向不动摇的前提下,对此类职位进行积极探索,适当进行条件和资源投入,以拓宽专业未来的发展空间。

不同定位类型职位的需求企业如表 1-1 所示。

表 1-1 不同定位类型职位的需求企业

职位类型	职位名称	典型用人单位
核心优势型	报价工程师(房地产业)	招聘需求大:中铁十二局集团国际工程有限公司,陕西建工第五建设集团有限公司,深圳市法本信息技术股份有限公司,美建建筑系统(中国)有限公司,猎聘 薪资水平高:猎聘,万达商业管理集团有限公司,天津普天通信设备有限公司,上海宝冶集团有限公司,中国建筑股份有限公司国际工程分公司
核心优势型	预结算员(房地产业)	招聘需求大:江河创建集团股份有限公司,北京建工四建工程建设有限公司,青矩技术股份有限公司,北京太伟控股(集团)有限公司,中交天津航道局有限公司河北雄安分公司 薪资水平高:中国移动通信有限公司信息港中心,中国国际人才开发中心有限公司第二人力资源部,中国华能集团清洁能源技术研究院有限公司,圣克里斯托弗和尼维斯(北京)商务服务中心,北京懋源鸿业房地产开发有限公司
核心优势型	工程造价师/预结算经理(建筑业)	招聘需求大:北京中兴恒信工程造价咨询有限公司,青矩技术股份有限公司,北京市工程咨询有限公司,TCC,北京中天恒会计师事务所(特殊普通合伙) 薪资水平高:中广视资产管理有限公司,中国山西国际经济技术合作有限公司,北方国际集团,迪际尔希(北京)咨询有限公司,杭州安恒信息技术股份有限公司

续表

职位类型	职位名称	典型用人单位
核心优势型	成本管理员(房地产业)	招聘需求大:中交集团,融创控股集团,中国能源建设集团东北电力第三工程有限公司,绿城理想生活服务集团,薪得付信息技术(上海)有限公司 薪资水平高:龙基能源集团有限公司,中国联通软件研究院,德润众诚(北京)商业管理有限公司,保定市长城实业有限公司,新兴际华资产经营管理有限公司
	预结算员(建筑业)	招聘需求大:江河创建集团股份有限公司,北京建工四建工程建设有限公司,青矩技术股份有限公司,北京太伟控股(集团)有限公司,中交天津航道局有限公司河北雄安分公司 薪资水平高:中国移动通信有限公司信息港中心,中国国际人才开发中心有限公司第二人力资源部,中国华能集团清洁能源技术研究院有限公司,圣克里斯托弗和尼维斯(北京)商务服务中心,北京懋源鸿业房地产开发有限公司
普遍需求型	地产招投标(建筑业)	招聘需求大:河北贝尔集团有限公司,保定市爱城置业有限公司,北京市房山新城投资有限责任公司,愿景明德(北京)控股集团有限公司,北京京林园林集团有限公司 薪资水平高:世纪金源集团,招商蛇口(天津)有限公司,新兴际华资产经营管理有限公司,愿景明德(北京)控股集团有限公司,中建方程投资发展集团有限公司
	建筑工程师(建筑业)	招聘需求大:中建一局集团第二建筑有限公司,中建八局二公司,青岛安装建设股份有限公司,北京市建筑工程装饰集团有限公司,河北建设集团股份有限公司建筑安装分公司 薪资水平高:北京湛华科技有限公司,唐山美汇置业有限公司,苏州天沃科技股份有限公司上海分公司,青岛安装建设股份有限公司,北京维拓时代建筑设计股份有限公司第五设计所
	房地产项目招投标(建筑业)	招聘需求大:北京市工程咨询有限公司,恒大旅游集团,世联土地房地产评估有限公司北京分公司,石家庄乐城创意国际贸易城开发有限公司,领地集团有限公司 薪资水平高:保定易水湖旅游开发有限公司,合生创展集团有限公司,绿城管理集团,北京未来科学城发展集团有限公司,北京天鸿控股(集团)有限公司
	项目招投标(建筑业)	招聘需求大:紫光路安科技有限公司,公诚管理咨询有限公司北京分公司,公诚管理咨询有限公司第六分公司,河北国盛招标有限公司,北京寰球能化工程项目管理有限公司 薪资水平高:百度集团,特变电工国际工程有限公司,联想开天科技有限公司,湖南拓维云创科技有限责任公司,北京筑龙英才咨询服务有限公司
	施工员(房地产业)	招聘需求大:金环建设集团有限公司,中国建筑第六工程局,中冶路桥建设有限公司,智联猎头,天津浩海国际船舶管理有限公司 薪资水平高:长江证券股份有限公司天津市分公司,埃尔法(重庆)人力资源咨询有限责任公司,中建三局集团北京有限公司,河北浩海船舶管理有限公司,天津浩海国际船舶管理有限公司

续表

职位类型	职位名称	典型用人单位
有益补充型	BIM工程师(建筑业)	招聘需求大:北京中江众朋建设有限公司,北京城建集团,北京城建亚泰建设集团有限公司,中建二局安装工程有限公司,铯镨科技有限公司 薪资水平高:北京博超时代软件有限公司,北京构力科技有限公司,天津文恒科技发展有限公司,北京中斯水灵水处理技术有限公司,北京浩瀚中远工程管理有限公司

模块二

专业人才社会需求调研分析

一、调研背景

为顺利开展本科层次职业教育工程造价专业人才培养方案修订工作,专业依托人才培养方案编制系统,在京津冀范围内广泛开展专业调研,分别从产业发展环境、具体岗位需求两个维度对专业人才需求开展分析。其中产业发展环境重点对工程造价行业的当前政策环境、技术趋势、业态变化进行深入分析;具体岗位需求面向与本专业相关的共 30 250 个社会招聘岗位进行了调研,累计涉及行业 19 个、用人单位(招聘主体)4 508 家。最终从广泛的社会需求中,形成以成本管理员、计量工程师、合同管理、项目招投标、成本经理/成本主管、报价工程师、工程造价师/预结算经理、预结算员、装修工程师、给排水/暖通工程、土木/土建工程师、安装工程师、园艺/园林/景观设计、暖通工程师、公路/桥梁/港口/隧道工程、工程资料员、建筑施工现场管理、融资顾问、咨询项目管理等岗位为核心的人才培养潜在面向,并以此作为本专业人才培养方案内容的逻辑起点,为培养方案的内容更新提供依据。

二、产业环境

1. 建筑业国民经济支柱产业的地位稳固

2023 年,面对复杂严峻的国际环境和艰巨繁重的国内改革发展稳定任务,在以习近平同志为核心的党中央坚强领导下,全国建筑业坚决贯彻落实党中央、国务院决策部署,坚定信心、保持定力,稳支柱、防风险、惠民生,努力为提升人民群众生活品质办实事,建筑业高质量发展取得新成效,为经济社会发展做出了重要贡献。

根据国家统计局发布的数据,2014—2023 年国内生产总值、建筑业增加值及增速,建筑业增加值占国内生产总值比重,建筑业总产值及增速,竣工产值及增速数值和图表分析见模块一专业人才培养面向战略定位分析中相关内容。

2. 建筑业面向绿色化、数字化转型具有迫切需求

建筑业是重大国家战略型产业,党的十九大以来,我国陆续出台了包括《国务院办公厅关于促进建筑业持续健康发展的指导意见》《住房和城乡建设部等部门关于加快新型建筑工业化发展的若干意见》等在内的一系列重要文件,贯彻新发展理念,大力推动建筑业发展以及绿色化、数字化转型升级。

2021年3月,我国正式发布《中华人民共和国国民经济和社会发展第十四个五年规划和2035年远景目标纲要》,为新时期我国的总体发展格局和建设方向提出了明确的要求和期待。建筑业及其相关领域在"十四五"规划中被多次提及,也成为我国新时期发展必须关注和投入的领域。其中,在加快数字社会建设步伐、全面提升城市品质、持续改善环境质量、加快发展方式绿色转型等章节,均对建筑业发展提出了具体要求。例如在转变城市发展方式一节中,明确提出"推行城市设计和风貌管控,落实适用、经济、绿色、美观的新时期建筑方针",在推进新型城市建设一节中,明确提出"发展智能建造,推广绿色建材、装配式建筑和钢结构住宅"等。

为实现我国对新时期建筑业发展的总体构想和基本方向,住房和城乡建设部、国家发展改革委等部门针对性地提出了包括《"十四五"建筑业发展规划》《"十四五"全国城市基础设施建设规划》《"十四五"住房和城乡建设科技发展规划》《"十四五"建筑节能与绿色建筑发展规划》等在内的一系列具体规划,为"十四五"时期建筑业发展提供了具体方向和行动路径。《"十四五"建筑业发展规划》总揽性地提出了"十四五"时期建筑业发展的七大任务,分别为:加快智能建造与新型建筑工业化协同发展,健全建筑市场运行机制,完善工程建设组织模式,培育建筑产业工人队伍,完善工程质量安全保障体系,稳步提升工程抗震防灾能力,加快建筑业"走出去"步伐。

从《"十四五"建筑业发展规划》《"十四五"全国城市基础设施建设规划》《"十四五"住房和城乡建设科技发展规划》《"十四五"建筑节能与绿色建筑发展规划》等规划政策中可以看出,在"十四五"时期,我国的建筑业仍将作为国民经济发展的核心组成部分,发挥在拉动经济发展中的重要作用,为我国"十四五"时期的高质量发展奠定坚实基础。同时,在建筑业内部发展中,数字化、智能化、绿色化将成为业内发展主旋律。这也就意味着,新时期的建筑业人才培养

和人才供给将需要根据新时期的发展要求，不断调整从业人员的能力模型，加强数字化、信息化技能和素养的培养，同时重点加强从业人员在装配式、钢结构、配合信息技术的新型建造和智能建造等方面的操作能力养成，方可充分适应新时期我国建筑业发展的根本要求。

3. 全参与方、全过程、全要素的数字造价成为造价咨询行业核心趋势

近年来我国的建筑业虽然在总产值上一直保持着增长的势态，但行业利润总额增速已经连续多年处于下降趋势。究其主要原因，一是建筑行业盈利能力出现下降，二是建筑公司对于成本的管控能力的欠缺。从建筑业企业近几年的经营数据可以发现，建筑业企业主营业务成本增速始终大于其主营业务收入增速，由此可以看出建筑业企业整体的成本管控能力不足。而目前企业的成本管控效果欠佳，从根本上看是工程项目执行过程中造价管理相关内容的缺失。建筑行业原先粗放的作业方式带来的弊端是工程成本难以控制，其中人工费、材料费和机械费作为建筑工程的成本三巨头更是成本控制的重灾区。根据国际主流BIM软件开发公司之一Nemetschek的测算，传统建筑行业平均存在10%的建材浪费、30%的工程需要进行返工，且40%的项目超支严重，90%的项目交付出现拖延现象。

在此背景之下，基于全参与方、全过程、全要素的数字造价成为建设工程项目对造价管控的重要探索方向。数字造价管理（工程造价管理数字化），指的是将BIM、云计算、大数据、物联网、人工智能、区块链等数字技术与工程造价管理结合在一起，集成了全参与方、全过程、全要素。通过统筹化思维实现对建设项目的全生命周期价值管理；同时由端、云、大数据一体化实现造价数据和信息的及时、准确更新，保证信息真实准确。其基本架构如图2-1所示。

根据住房和城乡建设部公布的《2023年工程造价咨询统计公报》，截至2023年末，全国工程造价咨询人员数量占工程造价咨询业务企业全部人员的25.1%。注册造价工程师数量较上年增长9.7%，其中一级注册造价工程师124 450人，比上年增长6.4%，二级注册造价工程师37 489人，比上年增长22.4%。此外，专业技术人员比上年增长4.6%，其中高级职称人员比上年增长15.1%、中级职称人员比上年增长1.7%。从这些数据中可以发现，我国造

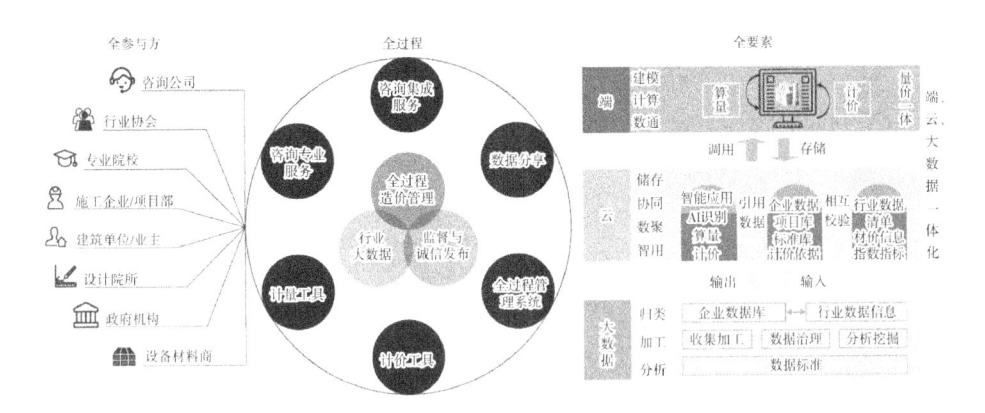

图 2-1　数字造价内涵构成示意图

(资料来源：甲子光年智库，《中国数字造价市场研究报告》)

价咨询人员的整体层次正不断提升，以数字造价为核心特征的高层次造价咨询人才需求不断扩大。

三、岗位需求

本次调研重点面向成本管理员、计量工程师、合同管理、项目招投标、成本经理/成本主管、报价工程师、工程造价师/预结算经理、预结算员、装修工程师、给排水/暖通工程、土木/土建工程师、安装工程师、园艺/园林/景观设计、暖通工程师、公路/桥梁/港口/隧道工程、工程资料员、建筑施工现场管理、融资顾问、咨询项目管理等核心岗位开展，经对社会招聘岗位的详细分析，获得相关调研信息。

（一）成本管理员岗

1. 薪资水平

经调研，成本管理员岗位在京津冀的平均薪资水平为9 885元，在全部工程造价(本科专业)相关岗位中处于中上游水平，具体如图2-2所示。就成本管理员岗位本身而言，用人单位提供的薪资最高为30 000元，最低为2 000元，多数薪资范围处于7 000～8 999元，薪资水平波动较大，具体如图2-3所示。

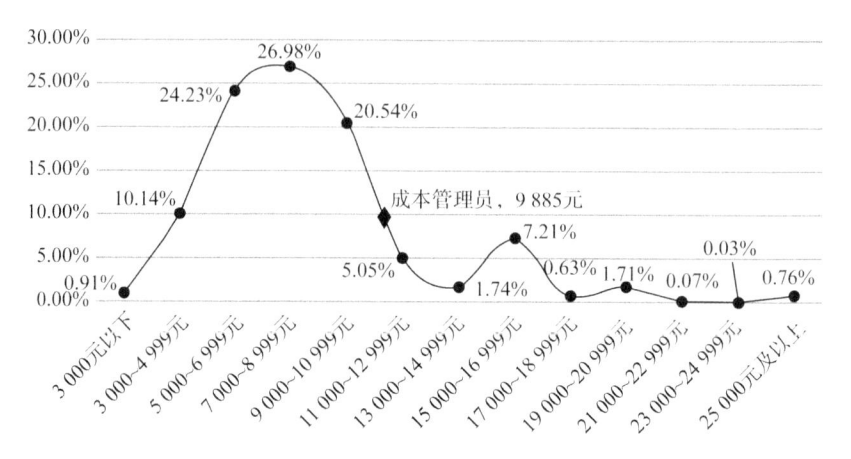

图 2-2 成本管理员岗位平均薪资水平相对位置示意图

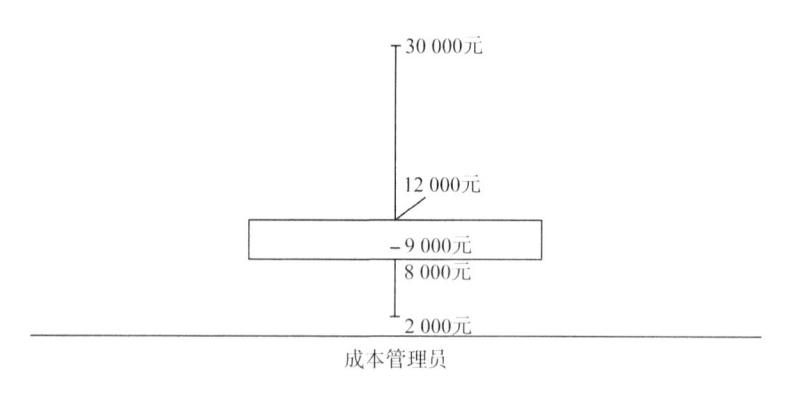

图 2-3 成本管理员岗位薪资范围示意图

2. 岗位需求量

经调研,成本管理员岗在京津冀的岗位需求总量为 204 个,占全部工程造价(本科专业)相关岗位的 0.67%,在所有岗位中占比处于上游水平,具体如图 2-4 所示。

3. 岗位与专业培养相关性

经调研,成本管理员岗位的工作内容与本专业人才培养内容相关程度达到

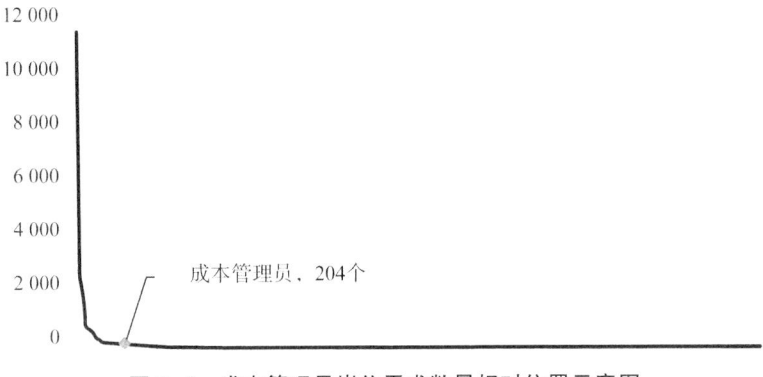

图 2-4　成本管理员岗位需求数量相对位置示意图

97.92%，绝大部分工作所需知识、技能、素养能够在在校期间得到充分培养，从事本岗位与专业培养的相关性极高。具体如图 2-5 所示。

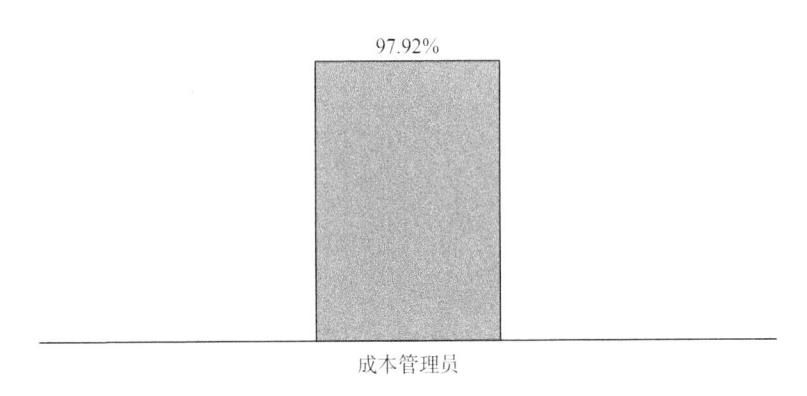

图 2-5　成本管理员岗位工作内容与本专业培养相关性示意图

4. 雇主质量

经调研，成本管理员岗位在京津冀内共有 117 家用人单位有明确需求，雇主数量在所有岗位中处于上游水平，岗位需求分布广泛。具体如图 2-6 所示。

在对成本管理员岗位有需求的各类型用人单位中，民营/私营企业占比 33.9%、国企占比 33.05%、中外合资/外资企业占比 9.32%、政府机构/事业单位占比 0.85%。在不同类型用人单位对成本管理员岗位需求数量方面，国企共提供了 80 个需求，占成本管理员全部需求的 39.22%。民营/私营企业共提供了 57 个需求，占成本管理员全部需求的 27.94%。中外合资/外资企业共提

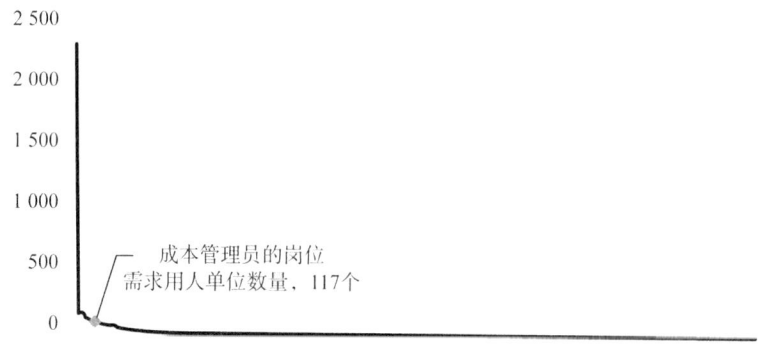

图 2-6　成本管理员岗位用人单位数量相对位置示意图

供了 23 个需求，占成本管理员全部需求的 11.27%。政府机构/事业单位共提供了 1 个需求，占成本管理员全部需求的 0.49%。具体如图 2-7 所示。

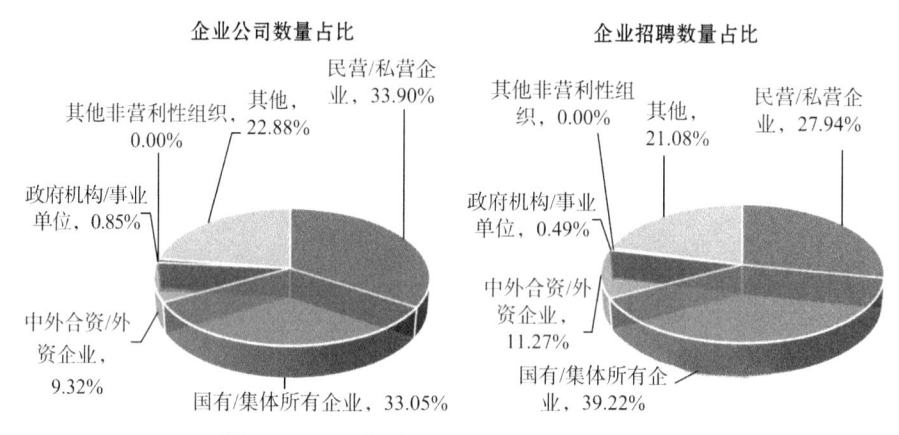

图 2-7　不同类型企业占比及岗位需求示意图

在对成本管理员岗位有需求的各类型用人单位中，1 000～9 999 人规模的企业有 25.64%、100～299 人规模的企业有 23.93%、300～999 人规模的企业有 23.08%、100 人以下规模的企业有 19.66%、10 000 人及以上规模的企业有 7.69%。在不同规模用人单位对成本管理员岗位需求数量方面，1 000～9 999 人规模的企业共提供了 61 个需求，占成本管理员全部需求的 29.90%。300～999 人规模的企业共提供了 49 个需求，占成本管理员全部需求的 24.02%。100～299 人规模的企业共提供了 39 个需求，占成本管理员全部需求的 19.12%。100 人以下规模的企业共提供了 32 个需求,占成本管理员全部需求的 15.69%。10 000 人及以上规模的企业共提供了 23 个需求,占成本管理员全部需求的 11.27%。具体如图 2-8 所示。

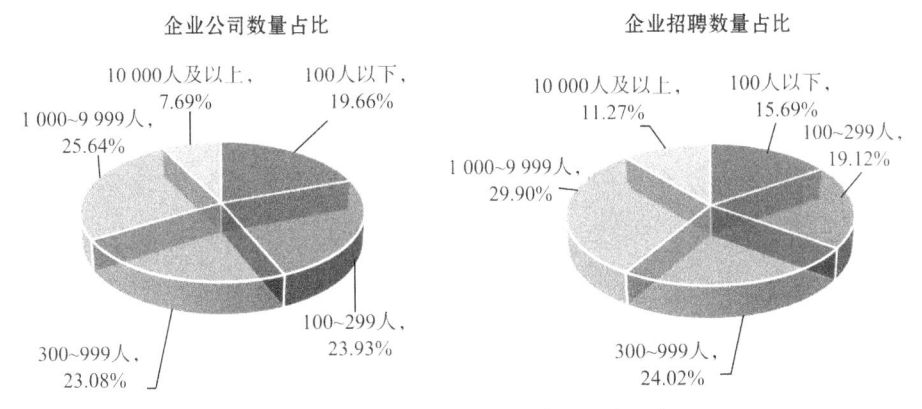

图 2-8 不同规模企业占比及岗位需求示意图

5. 城市分布

经调研,成本管理员岗位在京津冀范围内 3 个省市均有需求,涉及省市数在全部相关岗位中处于上游水平,岗位需求分布广泛。其中,河北省省会石家庄市对成本管理员岗位需求量有 5 个、占比 2.45%。本校(即河北科工大,以下同)所在地邢台市,对成本管理员岗位需求量有 3 个、占比 1.47%。成本管理员岗位在京津冀各省市需求情况如图 2-9 所示。

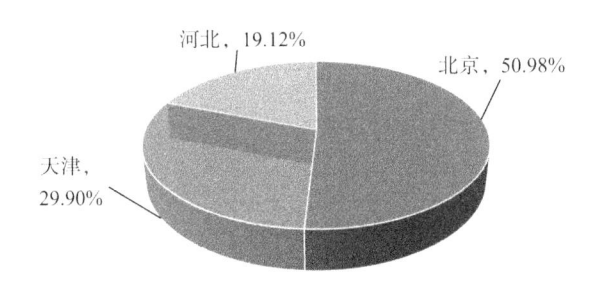

图 2-9 京津冀各省市对成本管理员岗位需求量占比示意图

（二）计量工程师岗

1. 薪资水平

经调研，计量工程师岗位在京津冀的平均薪资水平为 9 600 元，在全部工程造价（本科专业）相关岗位中处于中上游水平，具体如图 2-10 所示。就计量工程师岗位本身而言，用人单位提供的薪资最高为 25 000 元，最低为 3 000 元，多数薪资范围处于 5 000～6 999 元，薪资水平波动较大，具体如图 2-11 所示。

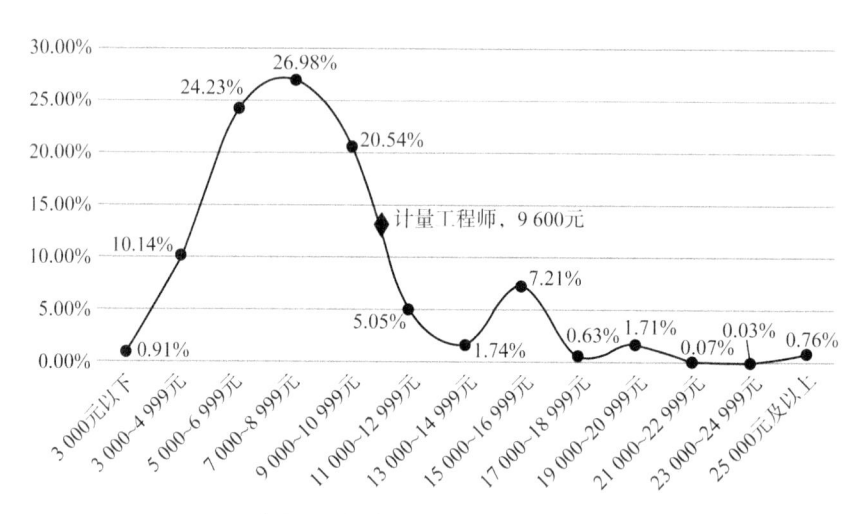

图 2-10 计量工程师岗位平均薪资水平相对位置示意图

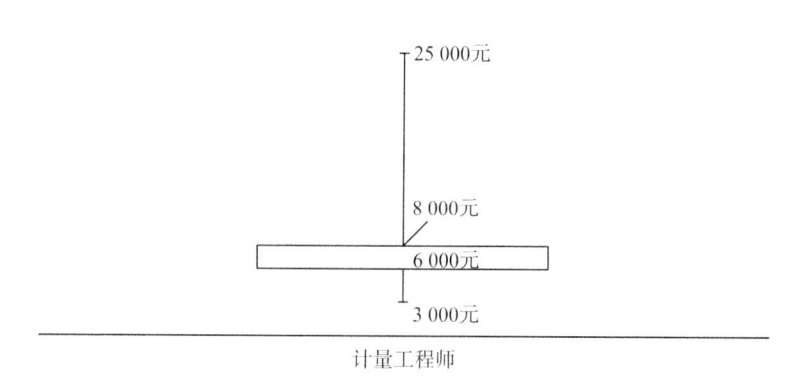

图 2-11 计量工程师岗位薪资范围示意图

2. 岗位需求量

经调研,计量工程师岗在京津冀的岗位需求总量为 12 个,占全部工程造价(本科专业)相关岗位的 0.04%,在所有岗位中占比处于中上游水平,具体如图 2-12 所示。

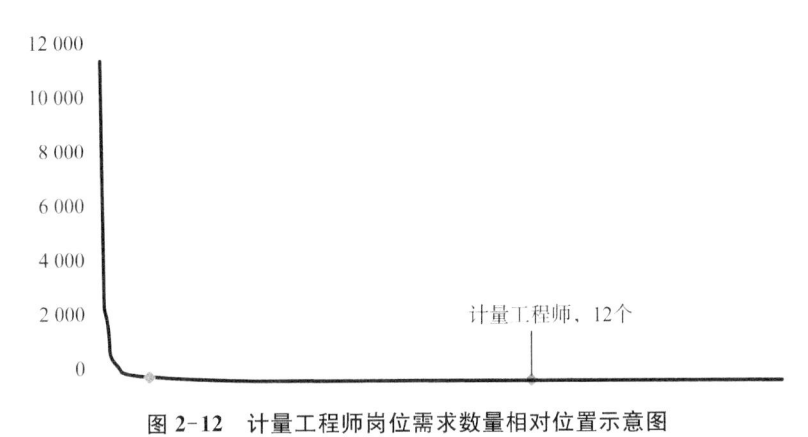

图 2-12 计量工程师岗位需求数量相对位置示意图

3. 岗位与专业培养相关性

经调研,计量工程师岗位的工作内容与本专业人才培养内容相关程度达到 64.58%,大部分工作所需知识、技能、素养能够在在校期间得到充分培养,从事本岗位与专业培养的相关性较高。具体如图 2-13 所示。

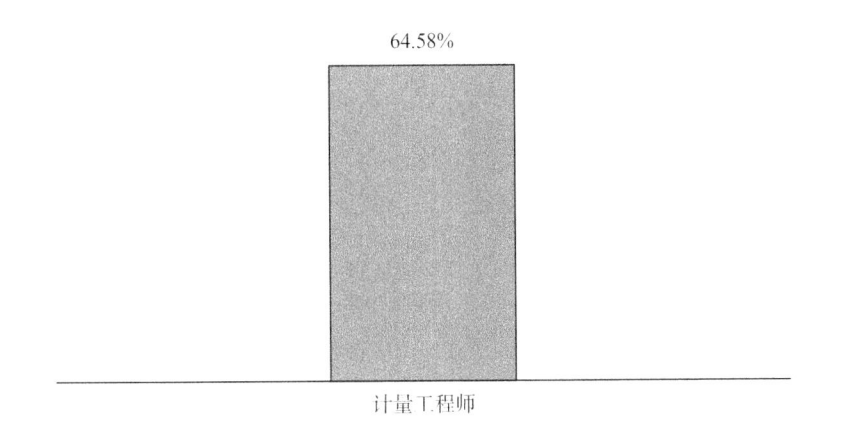

图 2-13 计量工程师岗位工作内容与本专业培养相关性示意图

4. 雇主质量

经调研，计量工程师岗位在京津冀内共有 4 家用人单位有明确需求，雇主数量在所有岗位中处于中上游水平，岗位需求分布广泛。具体如图 2-14 所示。

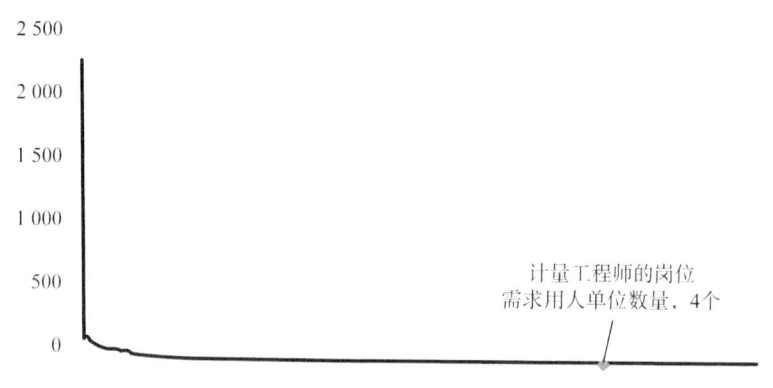

图 2-14 计量工程师岗位用人单位数量相对位置示意图

在对计量工程师岗位有需求的各类型用人单位中，国企占比 50.0%、民营/私营企业占比 50.0%。在不同类型用人单位对计量工程师岗位需求数量方面，国企共提供了 7 个需求，占计量工程师全部需求的 58.33%。民营/私营企业共提供了 5 个需求，占计量工程师全部需求的 41.67%。具体如图 2-15 所示。

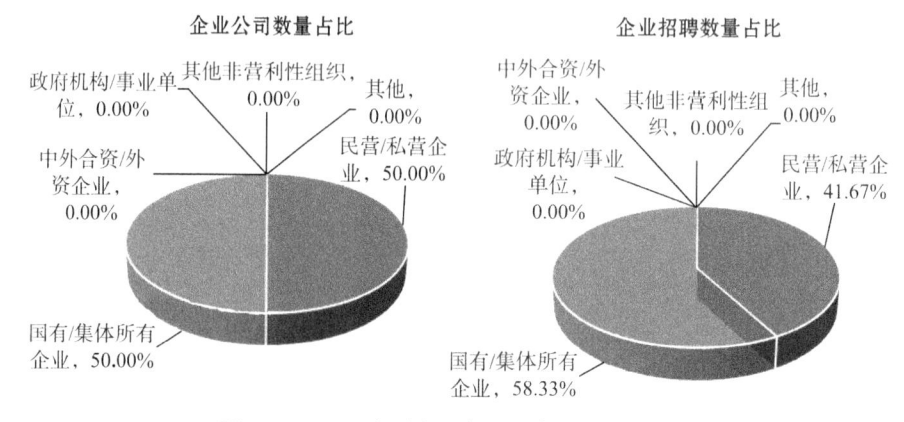

图 2-15 不同类型企业占比及岗位需求示意图

在对计量工程师岗位有需求的各类型用人单位中，100～299 人规模的企业有 50.0%、100 人以下规模的企业有 25.0%、1 000～9 999 人规模的企业有

25.0%。在不同规模用人单位对计量工程师岗位需求数量方面，100～299人规模的企业共提供了 6 个需求，占计量工程师全部需求的 50.0%。100 人以下规模的企业共提供了 4 个需求，占计量工程师全部需求的 33.33%。1 000～9 999 人规模的企业共提供了 2 个需求，占计量工程师全部需求的 16.67%。具体如图 2-16 所示。

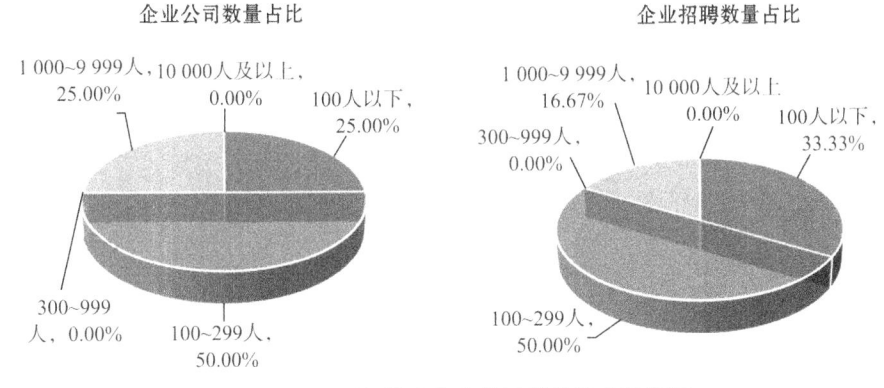

图 2-16　不同规模企业占比及岗位需求示意图

5. 城市分布

经调研，计量工程师岗位在京津冀范围内 3 个省市均有需求，涉及省市数在全部相关岗位中处于上游水平，岗位需求分布广泛。其中，河北省省会石家庄市对计量工程师岗位需求量有 0 个、占比 0.0%。本校所在地邢台市，对计量工程师岗位需求量有 0 个、占比 0.0%。计量工程师岗位在京津冀各省市需求情况如图 2-17 所示。

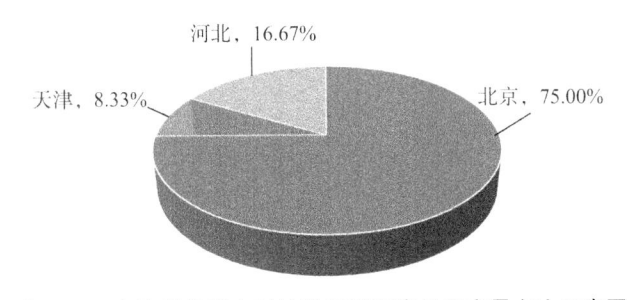

图 2-17　京津冀各省市对计量工程师岗位需求量占比示意图

(三) 合同管理岗

1. 薪资水平

经调研,合同管理岗位在京津冀的平均薪资水平为 9 615 元,在全部工程造价(本科专业)相关岗位中处于中上游水平,具体如图 2-18 所示。就合同管理岗位本身而言,用人单位提供的薪资最高为 25 000 元,最低为 3 000 元,多数薪资范围处于 5 000~6 999 元,薪资水平波动较大,具体如图 2-19 所示。

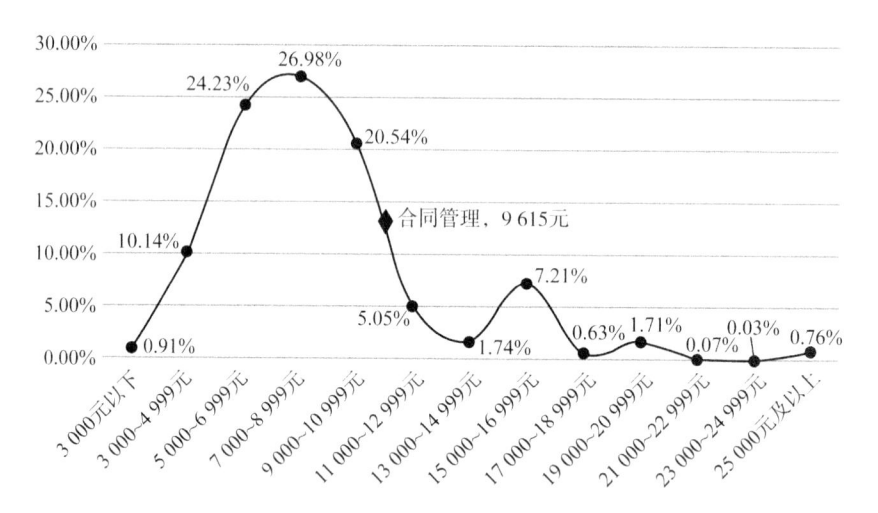

图 2-18 合同管理岗位平均薪资水平相对位置示意图

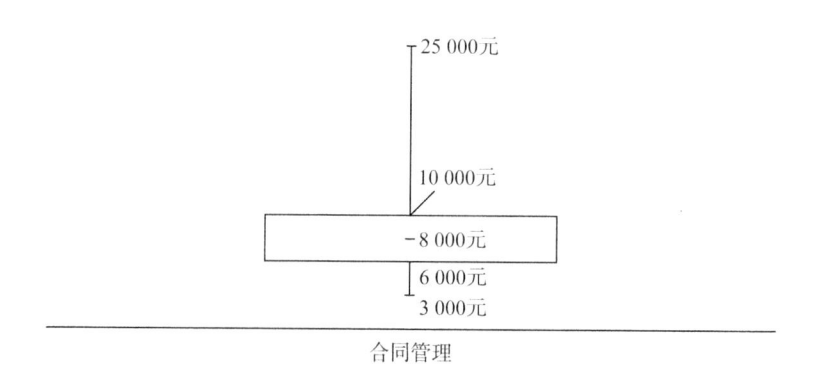

图 2-19 合同管理岗位薪资范围示意图

2. 岗位需求量

经调研,合同管理岗在京津冀的岗位需求总量为 68 个,占全部工程造价(本科专业)相关岗位的 0.22%,在所有岗位中占比处于上游水平,具体如图 2-20 所示。

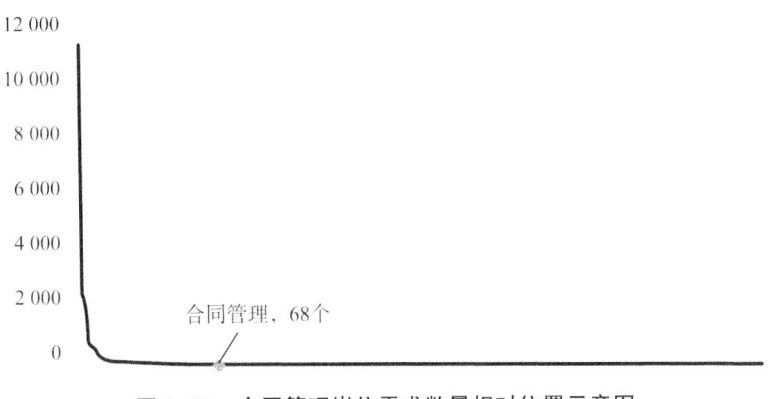

图 2-20 合同管理岗位需求数量相对位置示意图

3. 岗位与专业培养相关性

经调研,合同管理岗位的工作内容与本专业人才培养内容相关程度达到 83.33%,绝大部分工作所需知识、技能、素养能够在在校期间得到充分培养,从事本岗位与专业培养的相关性极高。具体如图 2-21 所示。

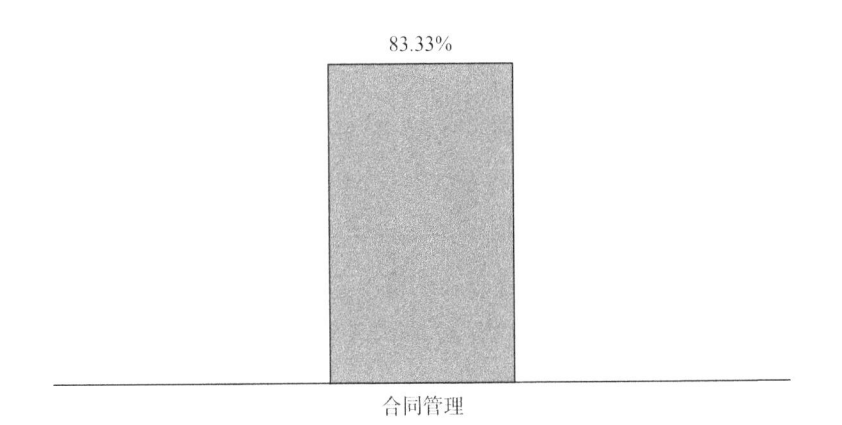

图 2-21 合同管理岗位工作内容与本专业培养相关性示意图

4. 雇主质量

经调研,合同管理岗位在京津冀内共有 23 家用人单位有明确需求,雇主数量在所有岗位中处于上游水平,岗位需求分布广泛。具体如图 2-22 所示。

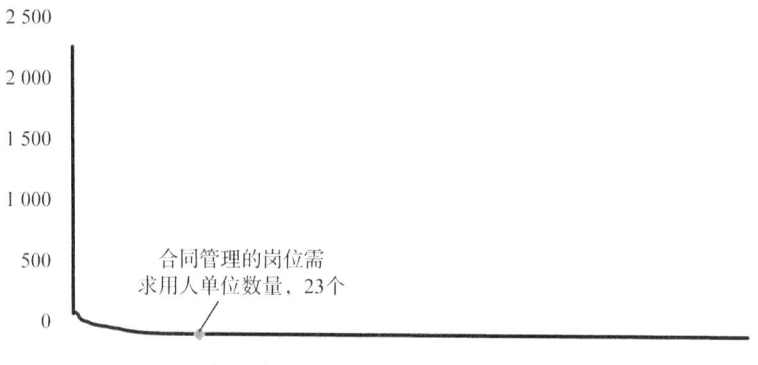

图 2-22 合同管理岗位用人单位数量相对位置示意图

在对合同管理岗位有需求的各类型用人单位中,国企占比 43.48%、民营/私营企业占比 26.09%、中外合资/外资企业占比 4.35%、政府机构/事业单位占比 4.35%。在不同类型用人单位对合同管理岗位需求数量方面,国企共提供了 42 个需求,占合同管理全部需求的 61.76%。民营/私营企业共提供了 13 个需求,占合同管理全部需求的 19.12%。中外合资/外资企业共提供了 3 个需求同,占合同管理全部需求的 4.41%。政府机构/事业单位共提供了 1 个需求,占合同管理全部需求的 1.47%。具体如图 2-23 所示。

在对合同管理岗位有需求的各类型用人单位中,1 000~9 999 人规模的企业有 34.78%、100 人以下规模的企业有 26.09%、100~299 人规模的企业有 17.39%、10 000 人及以上规模的企业有 13.04%、300~999 人规模的企业有 8.7%。在不同规模用人单位对合同管理岗位需求数量方面,1 000~9 999 人规模的企业共提供了 32 个需求,占合同管理全部需求的 47.06%。100 人以下规模的企业共提供了 11 个需求,占合同管理全部需求的 16.18%。300~999 人规模的企业共提供了 11 个需求,占合同管理全部需求的 16.18%。100~299 人规模的企业共提供了 9 个需求,占合同管理全部需求的 13.24%。10 000 人及以上规模的企业共提供了 5 个需求,占合同管理全部需求的

7.35%。具体如图 2-24 所示。

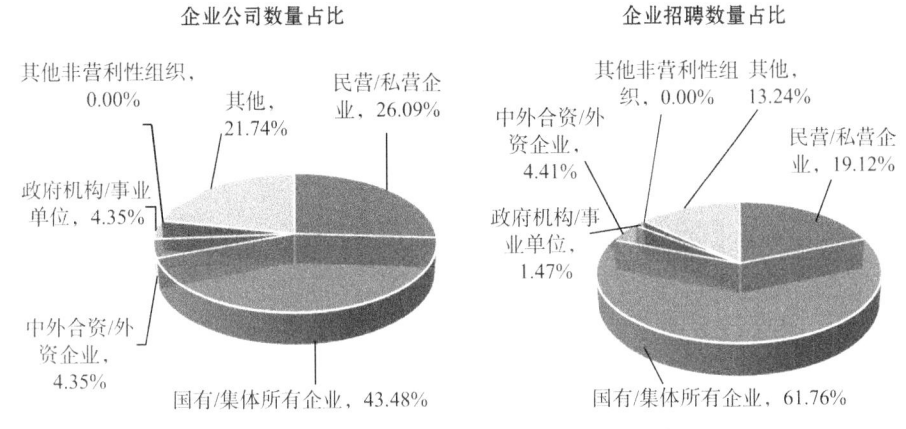

图 2-23　不同类型企业占比及岗位需求示意图

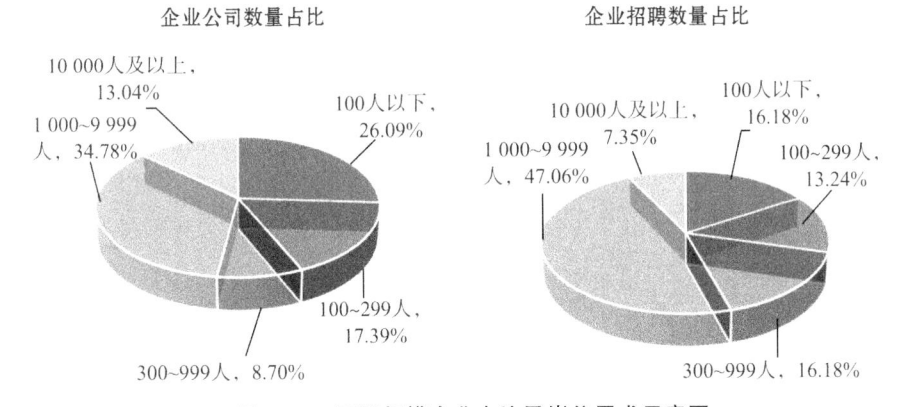

图 2-24　不同规模企业占比及岗位需求示意图

5．城市分布

经调研,合同管理岗位在京津冀范围内 3 个省市均有需求,涉及省市数在全部相关岗位中处于上游水平,岗位需求分布广泛。其中,河北省省会石家庄市对合同管理岗位需求量有 18 个、占比 26.47%。本校所在地邢台市,对合同管理岗位需求量有 0 个、占比 0.0%。合同管理岗位在京津冀各省市需求情况如图 2-25 所示。

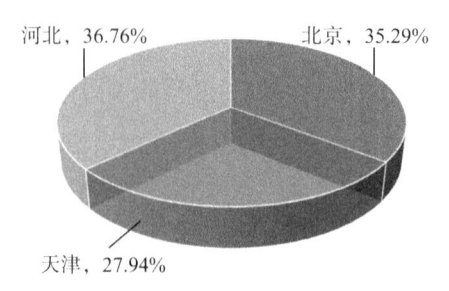

图 2-25　京津冀各省市对合同管理岗位需求量占比示意图

(四) 项目招投标岗

1. 薪资水平

经调研,项目招投标岗位在京津冀的平均薪资水平为 6 451 元,在全部工程造价(本科专业)相关岗位中处于下游水平,具体如图 2-26 所示。就项目招投标岗位本身而言,用人单位提供的薪资最高为 15 000 元,最低为 2 000 元,多数薪资范围处于 5 000~6 999 元,薪资水平较为稳定,具体如图 2-27 所示。

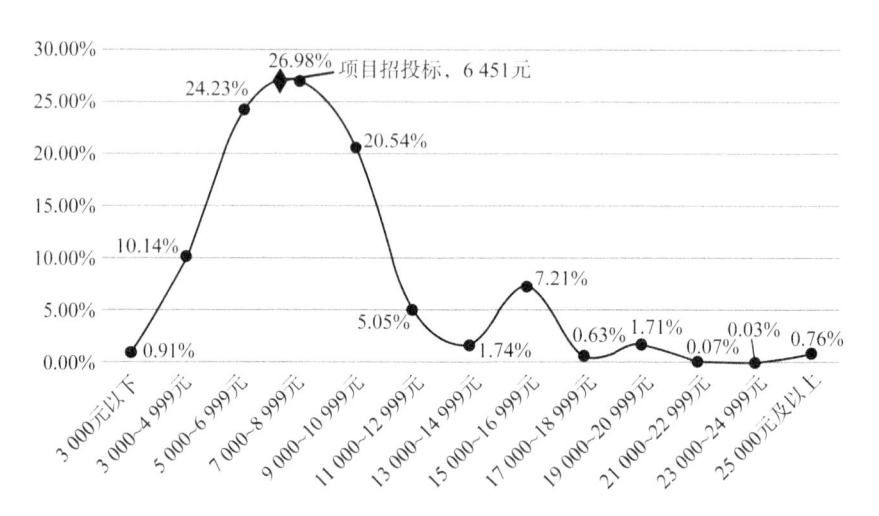

图 2-26　项目招投标岗位平均薪资水平相对位置示意图

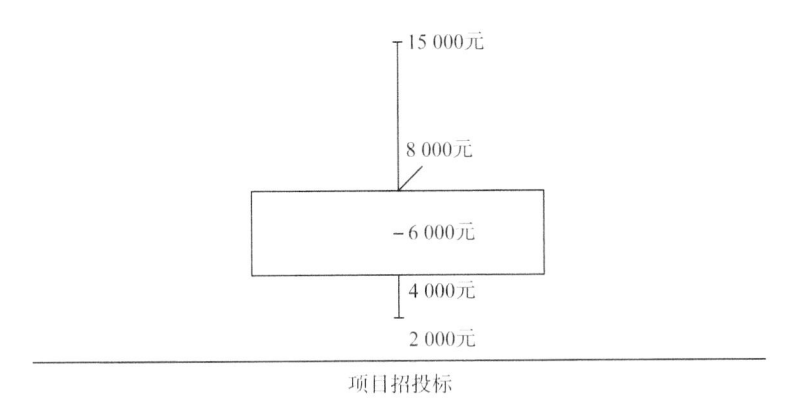

图 2-27　项目招投标岗位薪资范围示意图

2. 岗位需求量

经调研,项目招投标岗在京津冀的岗位需求总量为 233 个,占全部工程造价(本科专业)相关岗位的 0.77%,在所有岗位中占比处于上游水平,具体如图 2-28 所示。

图 2-28　项目招投标岗位需求数量相对位置示意图

3. 岗位与专业培养相关性

经调研,项目招投标岗位的工作内容与本专业人才培养内容相关程度达到 77.08%,绝大部分工作所需知识、技能、素养能够在在校期间得到充分培养,从事本岗位与专业培养的相关性极高。具体如图 2-29 所示。

77.08%

项目招投标

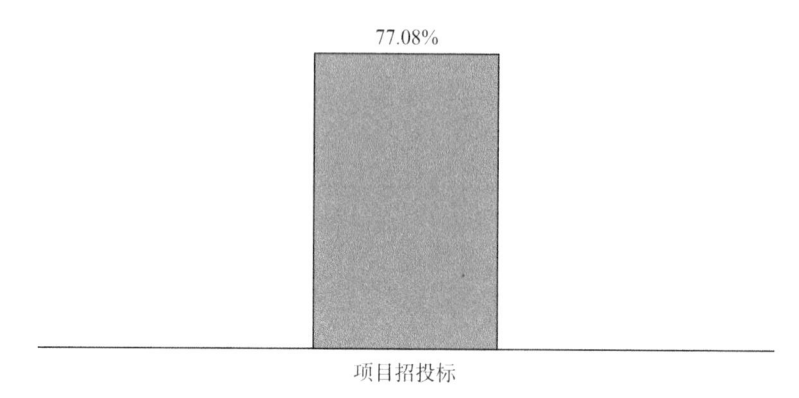

图 2-29 项目招投标岗位工作内容与本专业培养相关性示意图

4. 雇主质量

经调研,项目招投标岗位在京津冀内共有 95 家用人单位有明确需求,雇主数量在所有岗位中处于上游水平,岗位需求分布广泛。具体如图 2-30 所示。

项目招投标的岗位需求用人单位数量,95 个

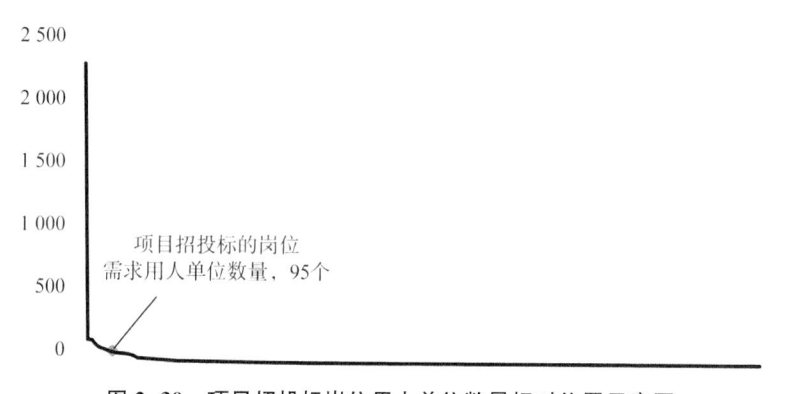

图 2-30 项目招投标岗位用人单位数量相对位置示意图

在对项目招投标岗位有需求的各类型用人单位中,民营/私营企业占比 56.25%、国企占比 19.79%、中外合资/外资企业占比 2.08%。在不同类型用人单位对项目招投标岗位需求数量方面,民营/私营企业共提供了 101 个需求,占项目招投标全部需求的 43.35%。国企共提供了 79 个需求,占项目招投标全部需求的 33.91%。中外合资/外资企业共提供了 2 个需求,占项目招投标全部需求的 0.86%。具体如图 2-31 所示。

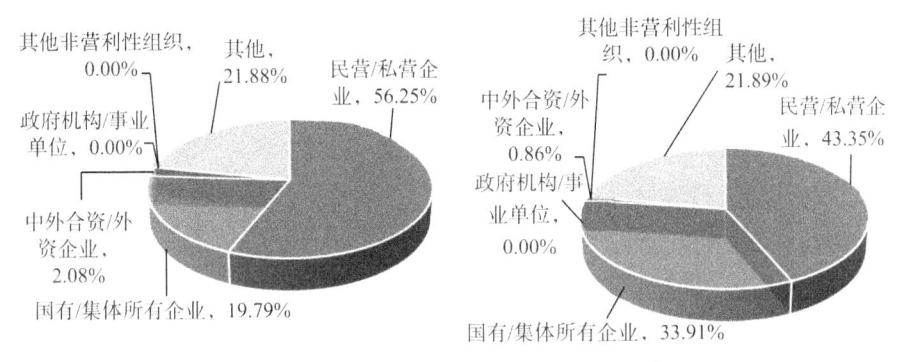

图 2-31 不同类型企业占比及岗位需求示意图

在对项目招投标岗位有需求的各类型用人单位中,100 人以下规模的企业有 34.38%、100~299 人规模的企业有 30.21%、1 000~9 999 人规模的企业有 19.79%、300~999 人规模的企业有 11.46%、10 000 人及以上规模的企业有 4.17%。在不同规模用人单位对项目招投标岗位需求数量方面,100 人以下规模的企业共提供了 74 个需求,占项目招投标全部需求的 31.76%。100~299 人规模的企业共提供了 55 个需求,占项目招投标全部需求的 23.61%。1 000~9 999 人规模的企业共提供了 53 个需求,占项目招投标全部需求的 22.75%。300~999 人规模的企业共提供了 27 个需求,占项目招投标全部需求的 11.59%。10 000 人及以上规模的企业共提供了 24 个需求,占项目招投标全部需求的 10.30%。具体如图 2-32 所示。

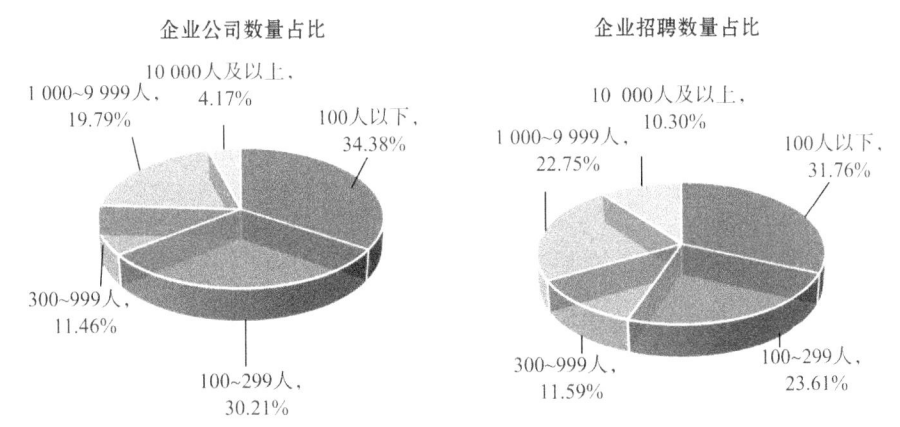

图 2-32 不同规模企业占比及岗位需求示意图

5. 城市分布

经调研,项目招投标岗位在京津冀范围内 3 个省市均有需求,涉及省市数在全部相关岗位中处于上游水平,岗位需求分布广泛。其中,河北省省会石家庄市对项目招投标岗位需求量有 37 个、占比 15.88%。本校所在地邢台市,对项目招投标岗位需求量有 0 个、占比 0.0%。项目招投标岗位在京津冀各省市需求情况如图 2-33 所示。

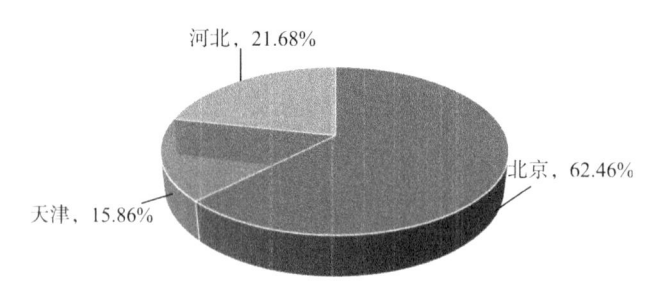

图 2-33 京津冀各省市对项目招投标岗位需求量占比示意图

(五) 成本经理/成本主管岗

1. 薪资水平

经调研,成本经理/成本主管岗位在京津冀的平均薪资水平为 11 782 元,在全部工程造价(本科专业)相关岗位中处于上游水平,具体如图 2-34 所示。就成本经理/成本主管岗位本身而言,用人单位提供的薪资最高为 30 000 元,最低为 3 000 元,多数薪资范围处于 9 000~10 999 元,薪资水平波动较大,具体如图 2-35 所示。

2. 岗位需求量

经调研,成本经理/成本主管岗在京津冀的岗位需求总量为 381 个,占全部工程造价(本科专业)相关岗位的 1.26%,在所有岗位中占比处于上游水平,具体如图 2-36 所示。

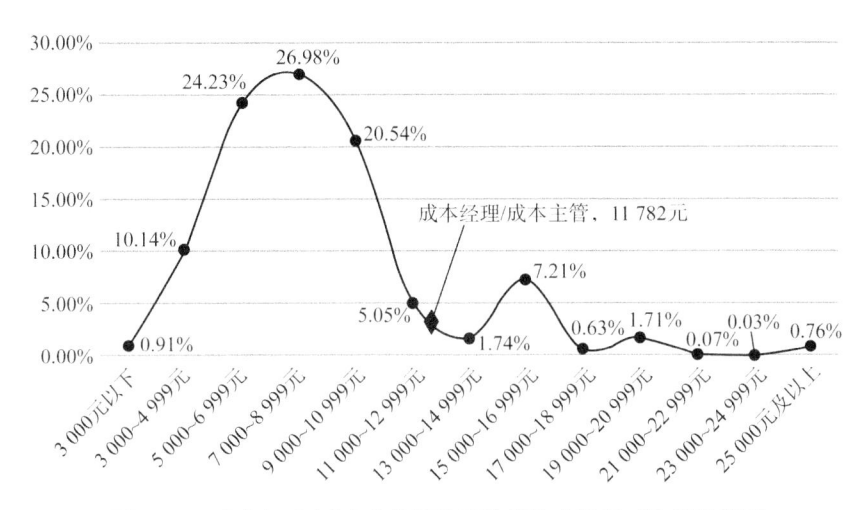

图 2-34 成本经理/成本主管岗位平均薪资水平相对位置示意图

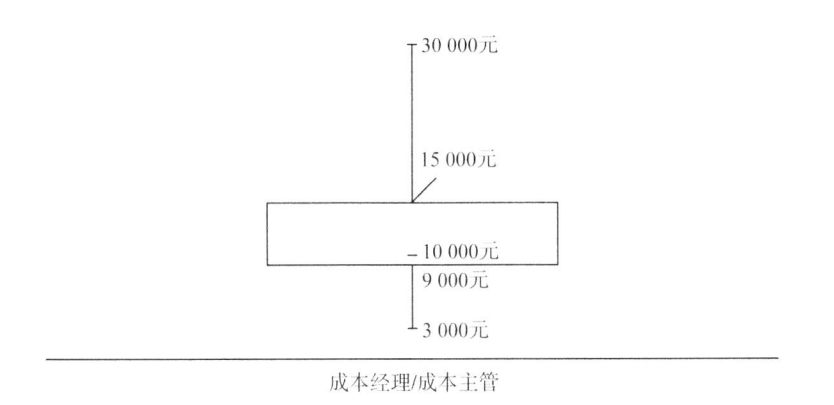

图 2-35 成本经理/成本主管岗位薪资范围示意图

3. 岗位与专业培养相关性

经调研,成本经理/成本主管岗位的工作内容与本专业人才培养内容相关程度达到 91.67%,绝大部分工作所需知识、技能、素养能够在在校期间得到充分培养,从事本岗位与专业培养的相关性极高。具体如图 2-37 所示。

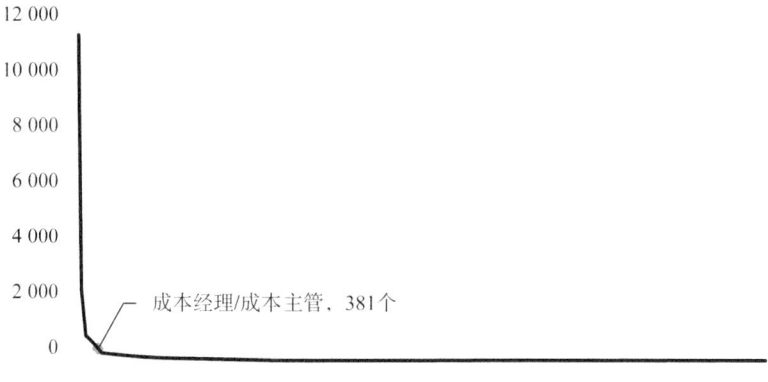

图 2-36　成本经理/成本主管岗位需求数量相对位置示意图

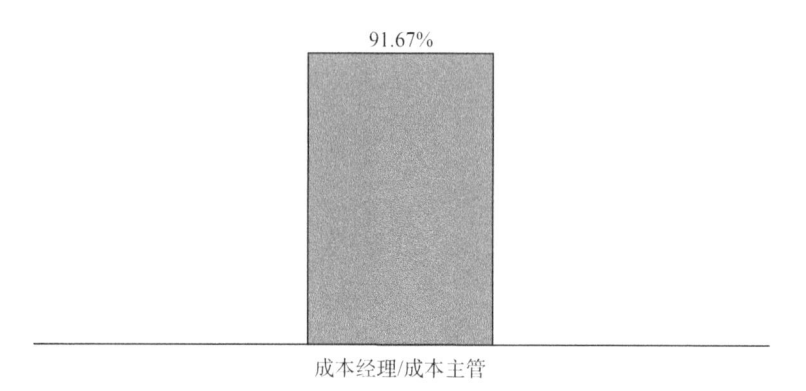

图 2-37　成本经理/成本主管岗位工作内容与本专业培养相关性示意图

4. 雇主质量

经调研,成本经理/成本主管岗位在京津冀内共有 197 家用人单位有明确需求,雇主数量在所有岗位中处于上游水平,岗位需求分布广泛。具体如图 2-38 所示。

在对成本经理/成本主管岗位有需求的各类型用人单位中,民营/私营企业占比 50.25%、国企占比 17.77%、中外合资/外资企业占比 8.63%、政府机构/事业单位占比 0.51%。在不同类型用人单位对成本经理/成本主管岗位需求数量方面,民营/私营企业共提供了 158 个需求,占成本经理/成本主管全部需求的 41.47%。国企共提供了 100 个需求,占成本经理/成本主管全部需求的

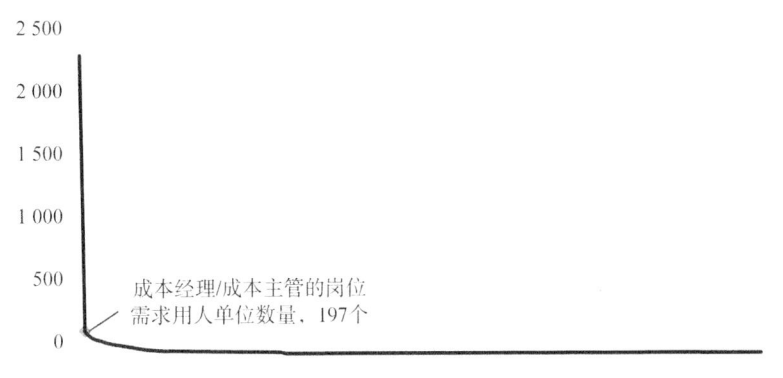

图 2-38　成本经理/成本主管岗位用人单位数量相对位置示意图

26.25%。中外合资/外资企业共提供了 27 个需求，占成本经理/成本主管全部需求的 7.09%。政府机构/事业单位共提供了 1 个需求，占成本经理/成本主管全部需求的 0.26%。具体如图 2-39 所示。

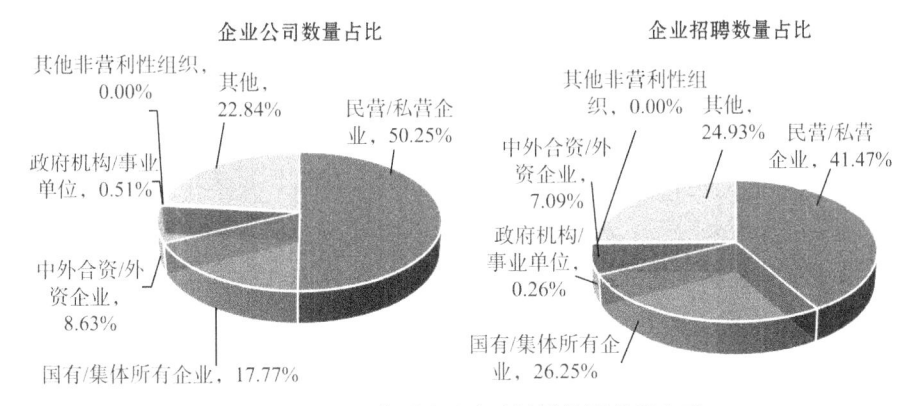

图 2-39　不同类型企业占比及岗位需求示意图

在对成本经理/成本主管岗位有需求的各类型用人单位中，100 人以下规模的企业有 27.27%、100～299 人规模的企业有 24.24%、1 000～9 999 人规模的企业有 21.21%、300～999 人规模的企业有 17.17%、10 000 人及以上规模的企业有 10.10%。在不同规模用人单位对成本经理/成本主管岗位需求数量方面，100～299 人规模的企业共提供了 103 个需求，占成本经理/成本主管全部需求的 27.03%。100 人以下规模的企业共提供了 80 个需求，占成本经理/成本主管全部需求的 21.00%。1 000～9 999 人规模的企业共提供了

74 个需求，占成本经理/成本主管全部需求的 19.42%。300～999 人规模的企业共提供了 72 个需求，占成本经理/成本主管全部需求的 18.9%。10 000 人及以上规模的企业共提供了 52 个需求，占成本经理/成本主管全部需求的 13.65%。具体如图 2-40 所示。

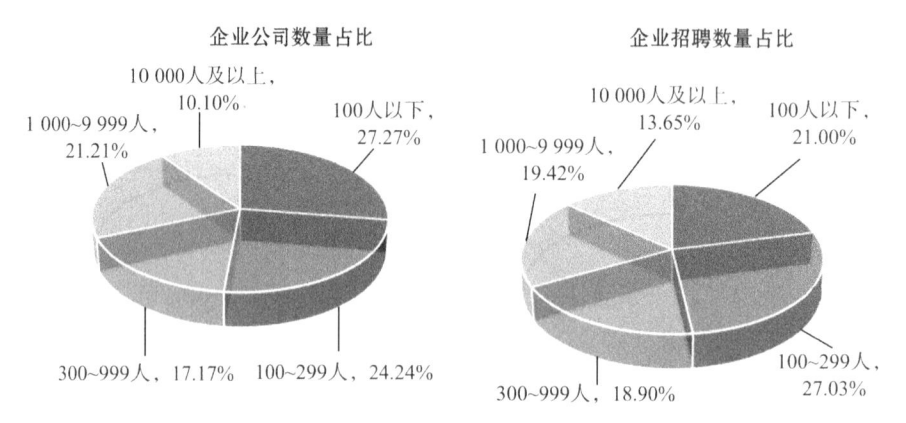

图 2-40 不同规模企业占比及岗位需求示意图

5. 城市分布

经调研，成本经理/成本主管岗位在京津冀范围内 3 个省市均有需求，涉及省市数在全部相关岗位中处于上游水平，岗位需求分布广泛。其中，河北省省会石家庄市对成本经理/成本主管岗位需求量有 36 个、占比 9.45%。本校所在地邢台市，对成本经理/成本主管岗位需求量有 1 个、占比 0.26%。成本经理/成本主管岗位在京津冀各省市需求情况如图 2-41 所示。

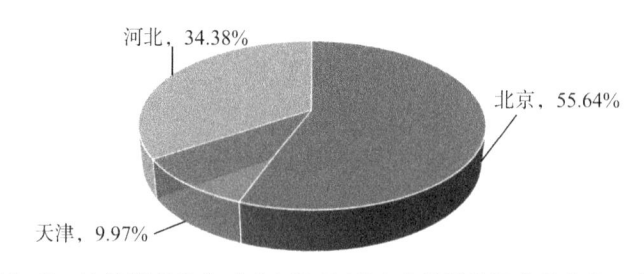

图 2-41 京津冀各省市对成本经理/成本主管岗位需求量占比示意图

（六）报价工程师岗

1. 薪资水平

经调研，报价工程师岗位在京津冀的平均薪资水平为 8 032 元，在全部工程造价（本科专业）相关岗位中处于中下游水平，具体如图 2-42 所示。就报价工程师岗位本身而言，用人单位提供的薪资最高为 20 000 元，最低为 3 000 元，多数薪资范围处于 5 000～6 999 元，薪资水平较为稳定，具体如图 2-43 所示。

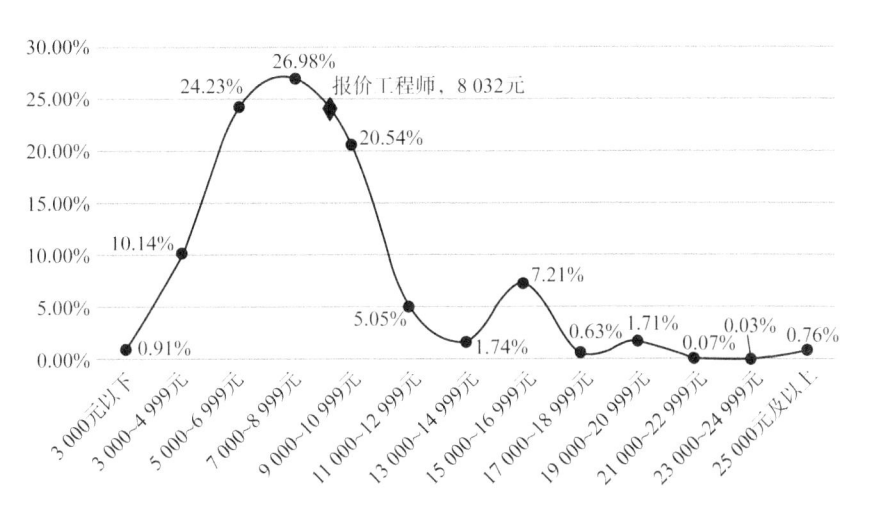

图 2-42　报价工程师岗位平均薪资水平相对位置示意图

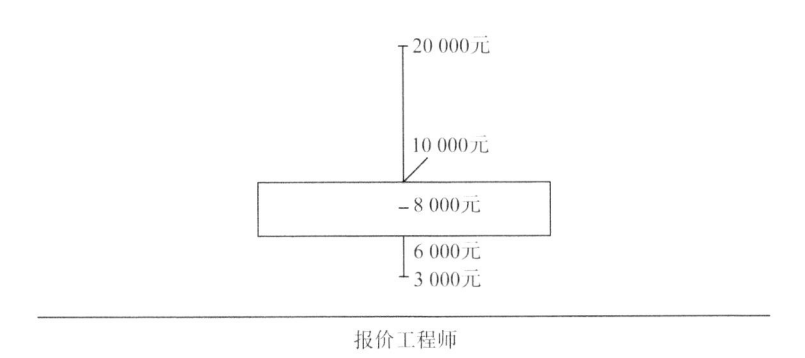

图 2-43　报价工程师岗位薪资范围示意图

2. 岗位需求量

经调研,报价工程师岗在京津冀的岗位需求总量为 88 个,占全部工程造价(本科专业)相关岗位的 0.29%,在所有岗位中占比处于上游水平,具体如图 2-44 所示。

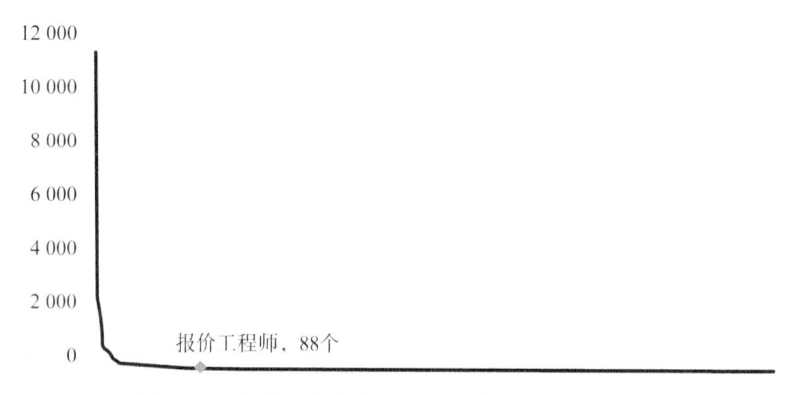

图 2-44　报价工程师岗位需求数量相对位置示意图

3. 岗位与专业培养相关性

经调研,报价工程师岗位的工作内容与本专业人才培养内容相关程度达到 85.42%,绝大部分工作所需知识、技能、素养能够在在校期间得到充分培养,从事本岗位与专业培养的相关性极高。具体如图 2-45 所示。

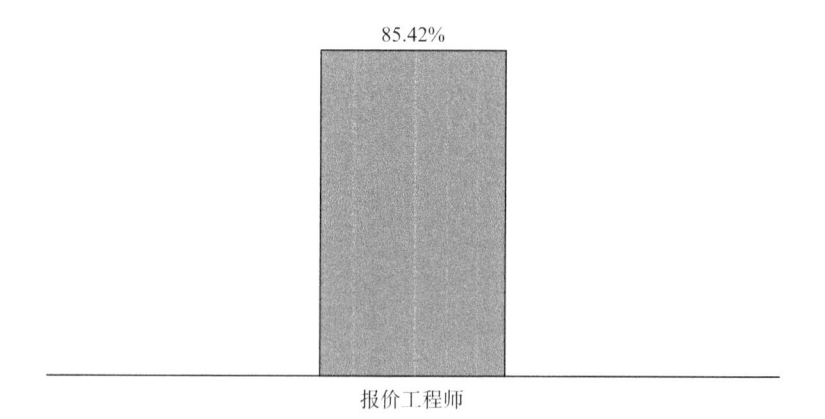

图 2-45　报价工程师岗位工作内容与本专业培养相关性示意图

4. 雇主质量

经调研，报价工程师岗位在京津冀内共有 26 家用人单位有明确需求，雇主数量在所有岗位中处于上游水平，岗位需求分布广泛。具体如图 2-46 所示。

图 2-46 报价工程师岗位用人单位数量相对位置示意图

在对报价工程师岗位有需求的各类型用人单位中，国企占比 42.31%、民营/私营企业占比 15.38%、中外合资/外资企业占比 11.54%。在不同类型用人单位对报价工程师岗位需求数量方面，国企共提供了 47 个需求，占报价工程师全部需求的 53.41%。中外合资/外资企业共提供了 7 个需求，占报价工程师全部需求的 7.95%。民营/私营企业共提供了 5 个需求，占报价工程师全部需求的 5.68%。具体如图 2-47 所示。

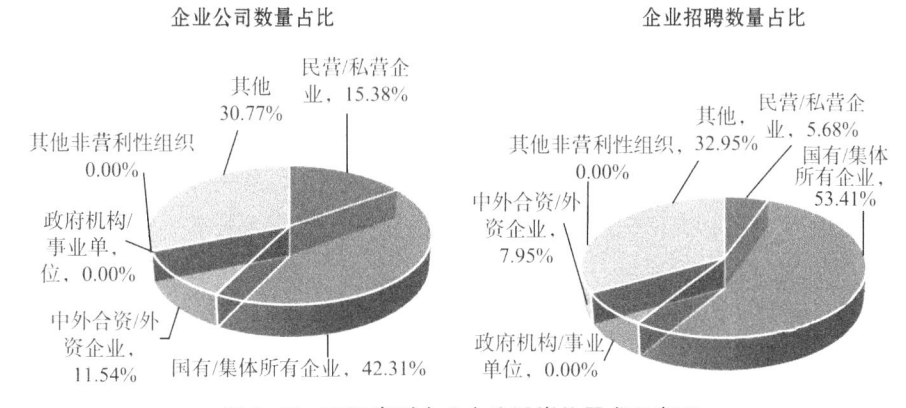

图 2-47 不同类型企业占比及岗位需求示意图

在对报价工程师岗位有需求的各类型用人单位中,1 000~9 999 人规模的企业有 53.85%、10 000 人及以上规模的企业有 15.38%、300~999 人规模的企业有 11.54%、100~299 人规模的企业有 11.54%、100 人以下规模的企业有 7.69%。在不同规模用人单位对报价工程师岗位需求数量方面,1 000~9 999 人规模的企业共提供了 59 个需求,占报价工程师全部需求的 67.05%。300~999 人规模的企业共提供了 14 个需求,占报价工程师全部需求的 15.91%。10 000 人及以上规模的企业共提供了 9 个需求,占报价工程师全部需求的 10.23%。100~299 人规模的企业共提供了 4 个需求,占报价工程师全部需求的 4.55%。100 人以下规模的企业共提供了 2 个需求,占报价工程师全部需求的 2.27%。具体如图 2-48 所示。

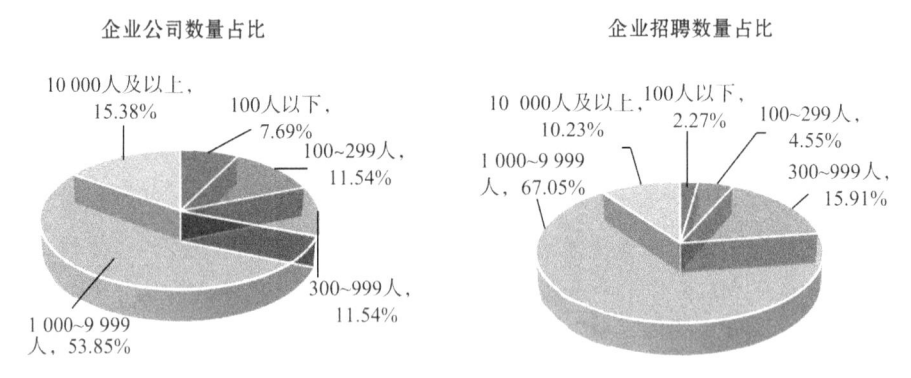

图 2-48 不同规模企业占比及岗位需求示意图

5. 城市分布

经调研,报价工程师岗位在京津冀范围内 3 个省市均有需求,涉及省市数在全部相关岗位中处于上游水平,岗位需求分布广泛。其中,河北省省会石家庄市对报价工程师岗位需求量有 18 个、占比 20.45%。本校所在地邢台市,对报价工程师岗位需求量有 0 个、占比 0.0%。报价工程师岗位在京津冀各省市需求情况如图 2-49 所示。

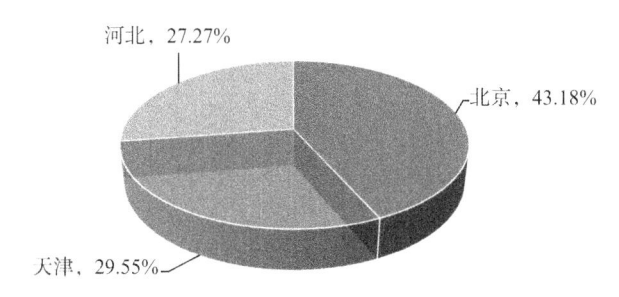

图 2-49　京津冀各省市对报价工程师岗位需求量占比示意图

（七）工程造价师/预结算经理岗

1. 薪资水平

经调研，工程造价师/预结算经理岗位在京津冀的平均薪资水平为 7 994 元，在全部工程造价（本科专业）相关岗位中处于中下游水平，具体如图 2-50 所示。就工程造价师/预结算经理岗位本身而言，用人单位提供的薪资最高为 30 000 元，最低为 2 000 元，多数薪资范围处于 7 000~8 999 元，薪资水平波动较大，具体如图 2-51 所示。

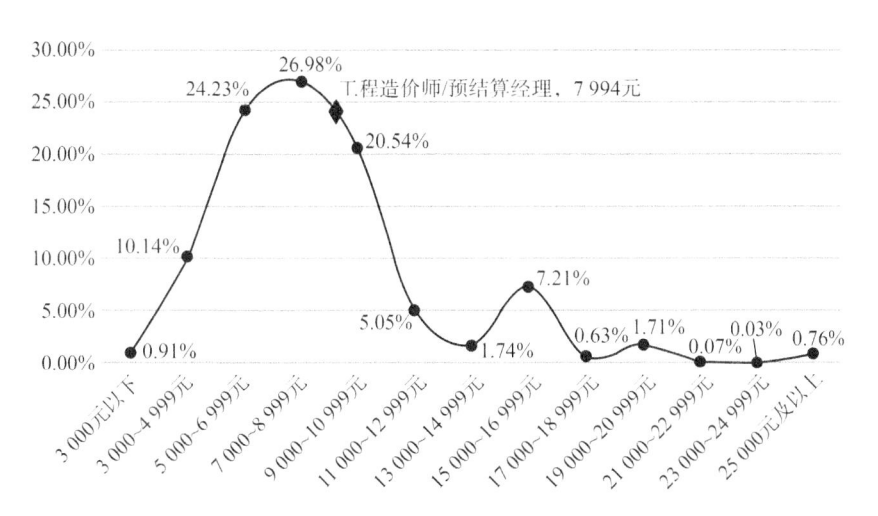

图 2-50　工程造价师/预结算经理岗位平均薪资水平相对位置示意图

```
              ┌ 30 000元
              │
              │
              │
              │
              │
              │
              │ 10 000元
              ┌─┴─┐
              │-8 000元│
              └─┬─┘
              │ 6 000元
              └ 2 000元
─────────────────────────────────
              工程造价师/预结算经理
```

图 2-51 工程造价师/预结算经理岗位薪资范围示意图

2. 岗位需求量

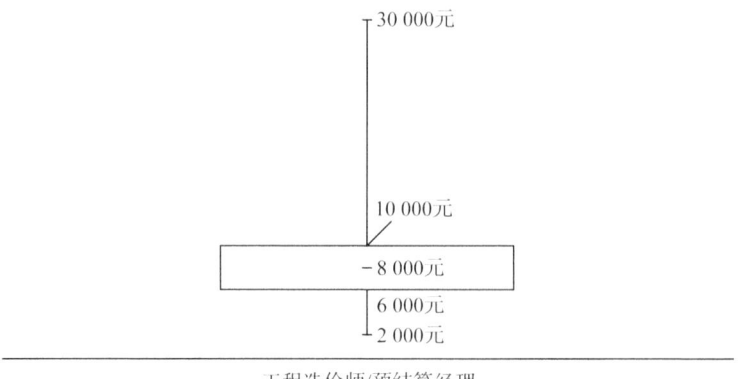

经调研，工程造价师/预结算经理岗在京津冀的岗位需求总量为 11 786 个，占全部工程造价（本科专业）相关岗位的 38.96%，在所有岗位中占比处于上游水平，具体如图 2-52 所示。

```
12 000 ┐ 工程造价师/预结算经理，11 786个
       │●
10 000 ┤
       │
 8 000 ┤
       │
 6 000 ┤
       │
 4 000 ┤
       │
 2 000 ┤
       │
     0 ┤●●●●●●●●●●●●●●●●●●●●●●●●●●●●●
```

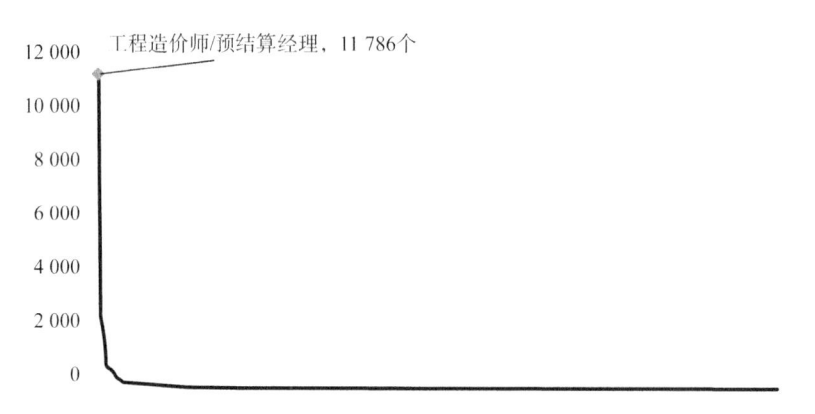

图 2-52 工程造价师/预结算经理岗位需求数量相对位置示意图

3. 岗位与专业培养相关性

经调研，工程造价师/预结算经理岗位的工作内容与本专业人才培养内容相关程度达到 100.0%，绝大部分工作所需知识、技能、素养能够在在校期间得到充分培养，从事本岗位与专业培养的相关性极高。具体如图 2-53 所示。

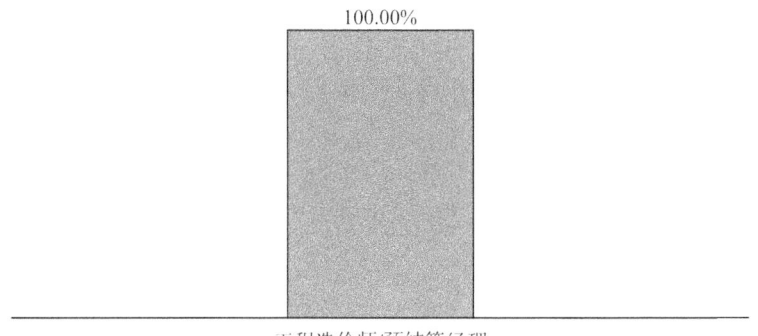

100.00%

工程造价师/预结算经理

图 2-53　工程造价师/预结算经理岗位工作内容与本专业培养相关性示意图

4. 雇主质量

经调研，工程造价师/预结算经理岗位在京津冀内共有 2 383 家用人单位有明确需求，雇主数量在所有岗位中处于上游水平，岗位需求分布广泛。具体如图 2-54 所示。

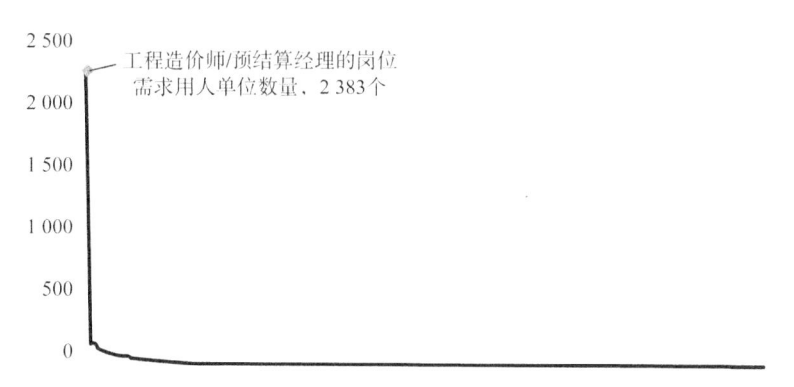

工程造价师/预结算经理的岗位需求用人单位数量，2 383 个

图 2-54　工程造价师/预结算经理岗位用人单位数量相对位置示意图

在对工程造价师/预结算经理岗位有需求的各类型用人单位中，民营/私营企业占比 51.96%、国企占比 24.08%、中外合资/外资企业占比 3.62%、政府机构/事业单位占比 0.58%、其他非营利性组织占比 0.21%。在不同类型用人单位对工程造价师/预结算经理岗位需求数量方面，民营/私营企业共提供了 5 683 个需求，占工程造价师/预结算经理全部需求的 48.22%。国企共提供了 3 555 个需求，占工程造价师/预结算经理全部需求的 30.16%。中外合资/外

资企业共提供了 268 个需求，占工程造价师/预结算经理全部需求的 2.27%。政府机构/事业单位共提供了 121 个需求，占工程造价师/预结算经理全部需求的 1.03%。其他非营利性组织共提供了 9 个需求，占工程造价师/预结算经理全部需求的 0.08%。具体如图 2-55 所示。

企业公司数量占比

- 其他非营利性组织，0.21%
- 其他，19.55%
- 民营/私营企业，51.96%
- 政府机构/事业单位，0.58%
- 中外合资/外资企业，3.62%
- 国有/集体所有企业，24.08%

企业招聘数量占比

- 其他非营利性组织，0.08%
- 其他，18.24%
- 中外合资/外资企业，2.27%
- 民营/私营企业，48.22%
- 政府机构/事业单位，1.03%
- 国有/集体所有企业，30.16%

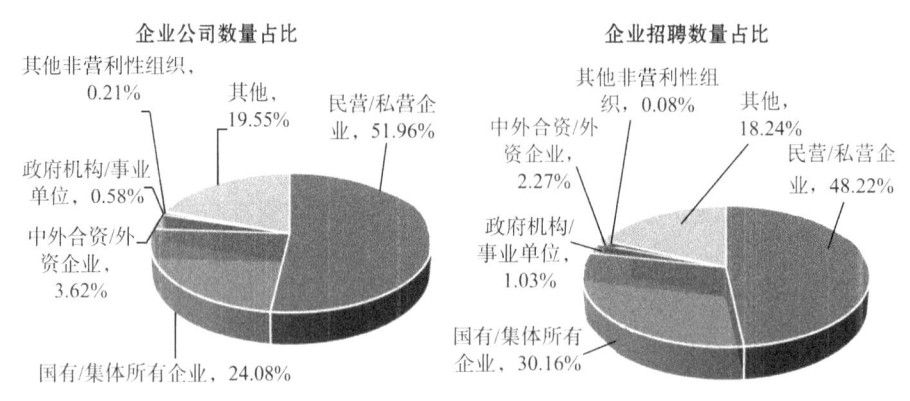

图 2-55　不同类型企业占比及岗位需求示意图

在对工程造价师/预结算经理岗位有需求的各类型用人单位中，100 人以下规模的企业有 33.94%、100～299 人规模的企业有 28.53%、1 000～9 999 人规模的企业有 17.26%、300～999 人规模的企业有 15.24%、10 000 人及以上规模的企业有 5.04%。在不同规模用人单位对工程造价师/预结算经理岗位需求数量方面，1 000～9 999 人规模的企业共提供了 3 249 个需求，占工程造价师/预结算经理全部需求的 27.57%。100 人以下规模的企业共提供了 2 816 个需求，占工程造价师/预结算经理全部需求的 23.89%。100～299 人规模的企业共提供了 2 794 个需求，占工程造价师/预结算经理全部需求的 23.71%。300～999 人规模的企业共提供了 1 859 个需求，占工程造价师/预结算经理全部需求的 15.77%。10 000 人及以上规模的企业共提供了 1 068 个需求，占工程造价师/预结算经理全部需求的 9.06%。具体如图 2-56 所示。

5. 城市分布

经调研，工程造价师/预结算经理岗位在京津冀范围内 3 个省市均有需求，涉及省市数在全部相关岗位中处于上游水平，岗位需求分布广泛。其中，河北

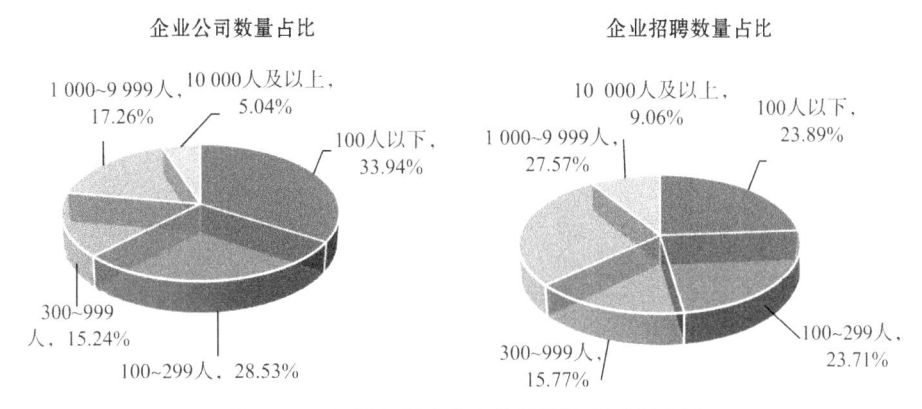

图 2-56 不同规模企业占比及岗位需求示意图

省省会石家庄市对工程造价师/预结算经理岗位需求量有 1448 个、占比 12.29%。本校所在地邢台市,对工程造价师/预结算经理岗位需求量有 97 个、占比 0.82%。工程造价师/预结算经理岗位在京津冀各省市需求情况如图 2-57 所示。

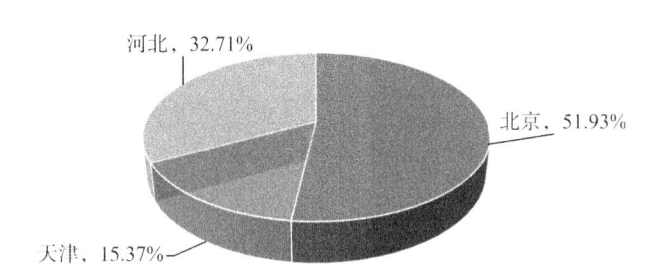

图 2-57 京津冀各省市对工程造价师/预结算经理岗位需求量占比示意图

(八) 预结算员岗

1. 薪资水平

经调研,预结算员岗位在京津冀的平均薪资水平为 6 761 元,在全部工程造价(本科专业)相关岗位中处于下游水平,具体如图 2-58 所示。就预结算员岗位本身而言，用人单位提供的薪资最高为 16 000 元，最低为 2 000 元，多数薪资范围处于 5 000~6 999 元，薪资水平波动较大，具体如图 2-59 所示。

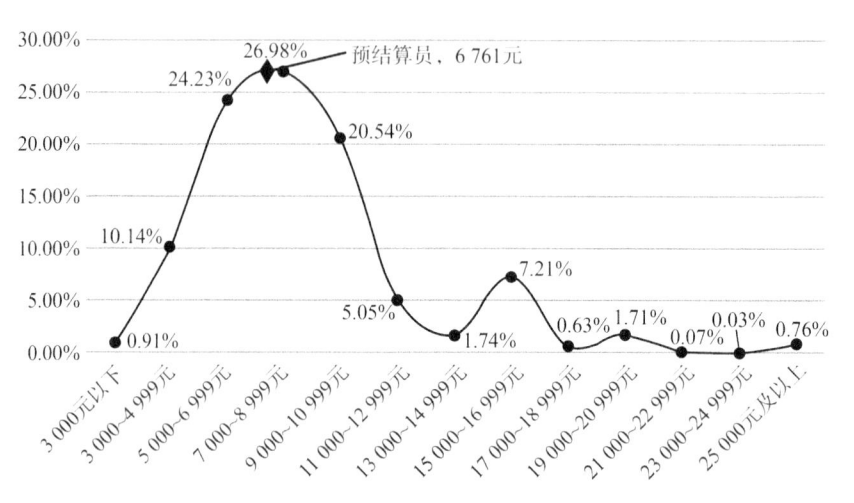

图 2-58　预结算员岗位平均薪资水平相对位置示意图

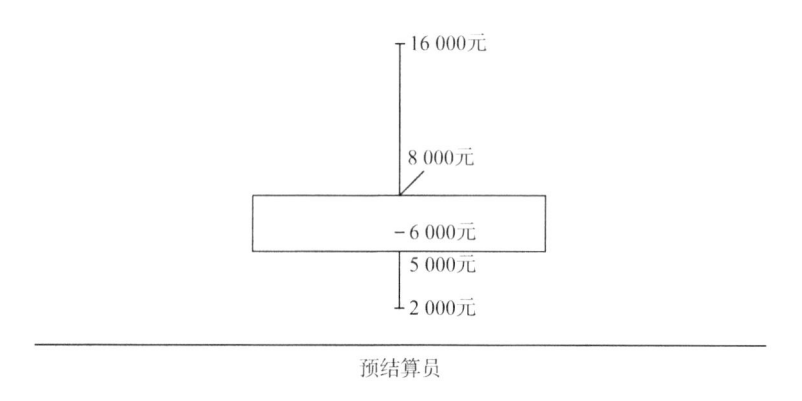

图 2-59　预结算员岗位薪资范围示意图

2. 岗位需求量

经调研，预结算员岗在京津冀的岗位需求总量为 891 个，占全部工程造价（本科专业）相关岗位的 2.95%，在所有岗位中占比处于上游水平，具体如图 2-60 所示。

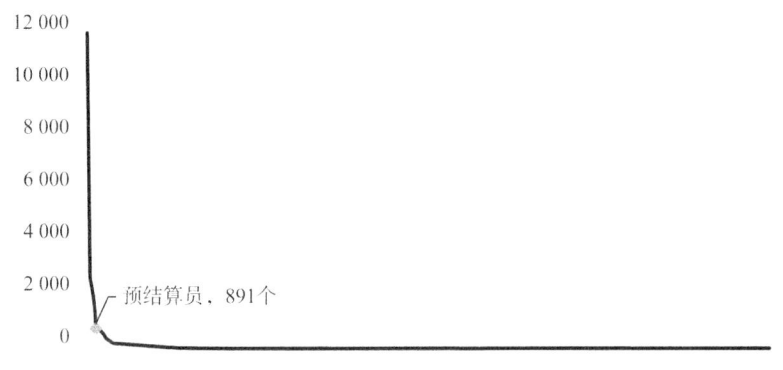

图 2-60　预结算员岗位需求数量相对位置示意图

3. 岗位与专业培养相关性

经调研,预结算员岗位的工作内容与本专业人才培养内容相关程度达到93.75%,绝大部分工作所需知识、技能、素养能够在在校期间得到充分培养,从事本岗位与专业培养的相关性极高。具体如图 2-61 所示。

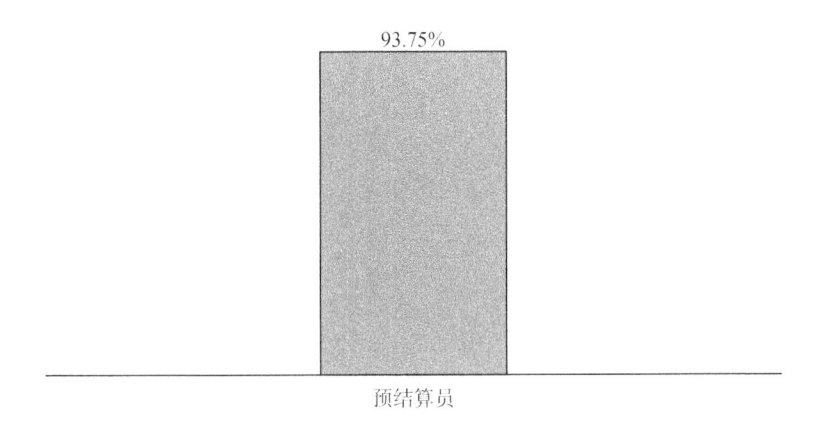

图 2-61　预结算员岗位工作内容与本专业培养相关性示意图

4. 雇主质量

经调研,预结算员岗位在京津冀内共有 153 家用人单位有明确需求,雇主数量在所有岗位中处于上游水平,岗位需求分布广泛。具体如图 2-62 所示。

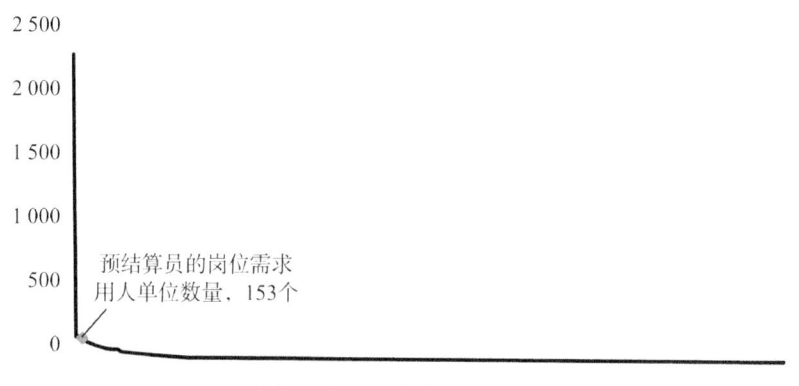

图 2-62　预结算员岗位用人单位数量相对位置示意图

在对预结算员岗位有需求的各类型用人单位中，民营/私营企业占比52.29%、国企占比28.1%、中外合资/外资企业占比9.15%、其他非营利性组织占比0.65%。在不同类型用人单位对预结算员岗位需求数量方面，民营/私营企业共提供了424个需求，占预结算员全部需求的47.59%。国企共提供了231个需求，占预结算员全部需求的25.93%。中外合资/外资企业共提供了99个需求，占预结算员全部需求的11.11%。其他非营利性组织共提供了2个需求，占预结算员全部需求的0.22%。具体如图2-63所示。

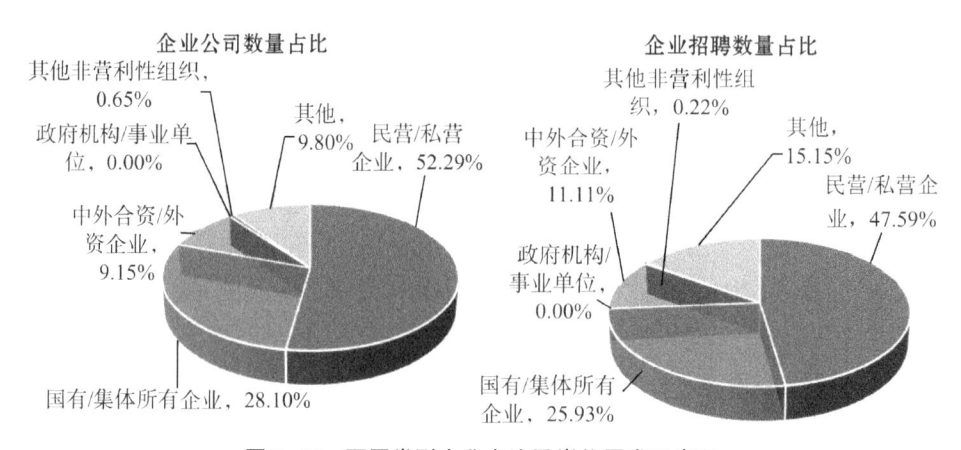

图 2-63　不同类型企业占比及岗位需求示意图

在对预结算员岗位有需求的各类型用人单位中，100人以下规模的企业有32.68%、100~299人规模的企业有30.07%、1 000~9 999人规模的企业有17.65%、300~999人规模的企业有14.38%、10 000人及以上规模的企业有5.23%。在不同规模用人单位对预结算员岗位需求数量方面，1 000~9 999人规模的企业共提供了254个需求，占预结算员全部需求的28.51%。100~299人规模的企业共提供了236个需求，占预结算员全部需求的26.49%。100人以下规模的企业共提供了222个需求，占预结算员全部需求的24.92%。300~999人规模的企业共提供了141个需求，占预结算员全部需求的15.82%。10 000人及以上规模的企业共提供了38个需求，占预结算员全部需求的4.26%。具体如图2-64所示。

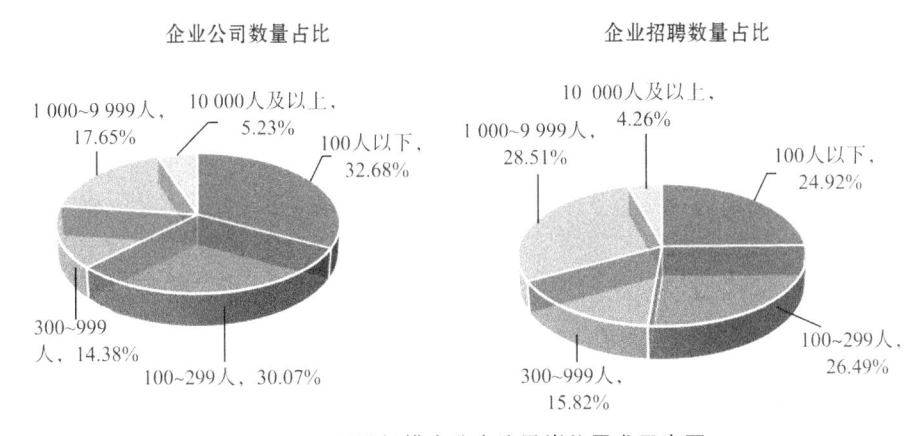

图 2-64　不同规模企业占比及岗位需求示意图

5. 城市分布

经调研，预结算员岗位在京津冀范围内3个省市均有需求，涉及省市数在全部相关岗位中处于上游水平，岗位需求分布广泛。其中，河北省省会石家庄市对预结算员岗位需求量有69个、占比7.74%。本校所在地邢台市，对预结算员岗位需求量有0个、占比0.0%。预结算员岗位在京津冀各省市需求情况如图2-65所示。

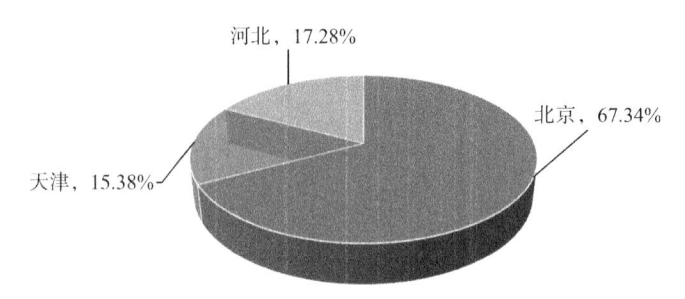

图 2-65　京津冀各省市对预结算员岗位需求量占比示意图

（九）装修工程师岗

1. 薪资水平

经调研，装修工程师岗位在京津冀的平均薪资水平为 11 080 元，在全部工程造价（本科专业）相关岗位中处于上游水平，具体如图 2-66 所示。就装修工程师岗位本身而言，用人单位提供的薪资最高为 20 000 元，最低为 4 000 元，多数薪资范围处于 9 000～10 999 元，薪资水平较为稳定，具体如图 2-67 所示。

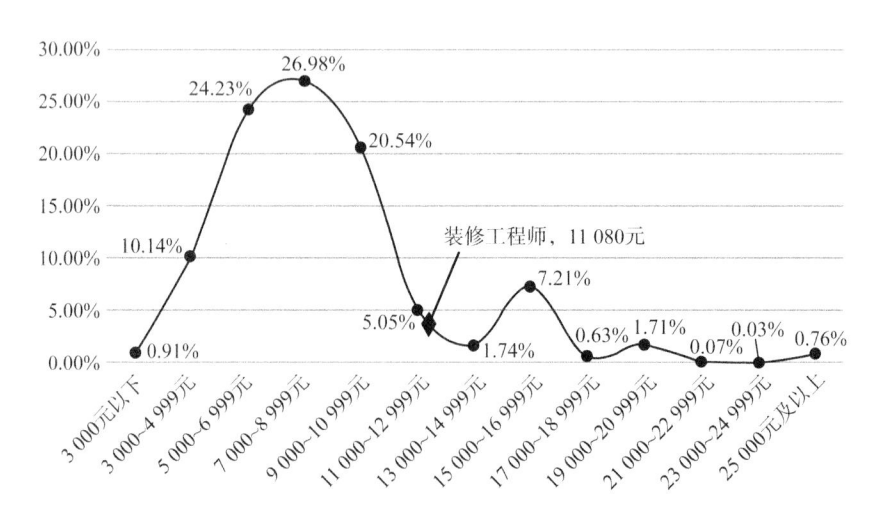

图 2-66　装修工程师岗位平均薪资水平相对位置示意图

图 2-67　装修工程师岗位薪资范围示意图

2. 岗位需求量

经调研,装修工程师岗在京津冀的岗位需求总量为 40 个,占全部工程造价（本科专业）相关岗位的 0.13%,在所有岗位中占比处于上游水平,具体如图 2-68 所示。

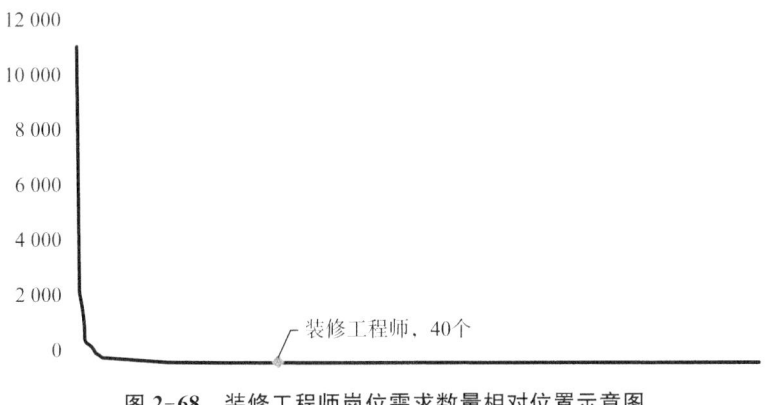

图 2-68　装修工程师岗位需求数量相对位置示意图

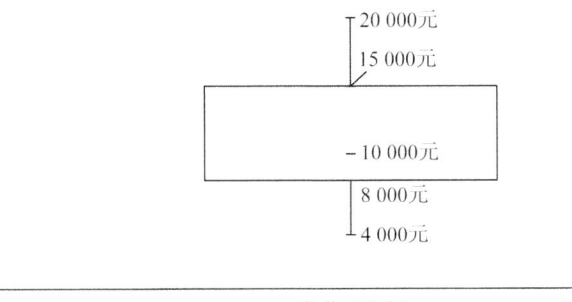

3. 岗位与专业培养相关性

经调研,装修工程师岗位的工作内容与本专业人才培养内容相关程度达到 85.42%,绝大部分工作所需知识、技能、素养能够在在校期间得到充分培养,从事本岗位与专业培养的相关性极高。具体如图 2-69 所示。

85.42%

装修工程师

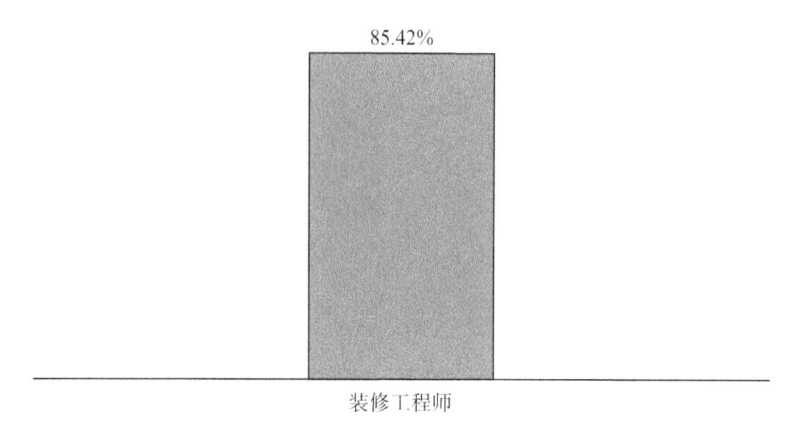

图 2-69　装修工程师岗位工作内容与本专业培养相关性示意图

4. 雇主质量

经调研，装修工程师岗位在京津冀内共有 20 家用人单位有明确需求，雇主数量在所有岗位中处于上游水平，岗位需求分布广泛。具体如图 2-70 所示。

装修工程师的岗位需求用人单位数量，20 个

图 2-70　装修工程师岗位用人单位数量相对位置示意图

在对装修工程师岗位有需求的各类型用人单位中，民营/私营企业占比 40.0%、国企占比 35.0%。在不同类型用人单位对装修工程师岗位需求数量方面，民营/私营企业共提供了 18 个需求，占装修工程师全部需求的 45.0%。国企共提供了 12 个需求，占装修工程师全部需求的 30.0%。具体如图 2-71 所示。

在对装修工程师岗位有需求的各类型用人单位中，1 000～9 999 人规模的

企业公司数量占比

其他非营利性组织，0.00%
其他，25.00%
民营/私营企业，40.00%
政府机构/事业单位，0.00%
中外合资/外资企业，0.00%
国有/集体所有企业，35.00%

企业招聘数量占比

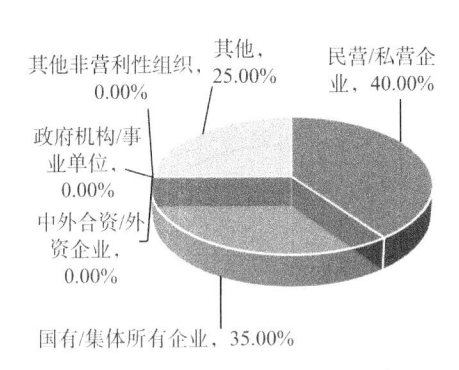

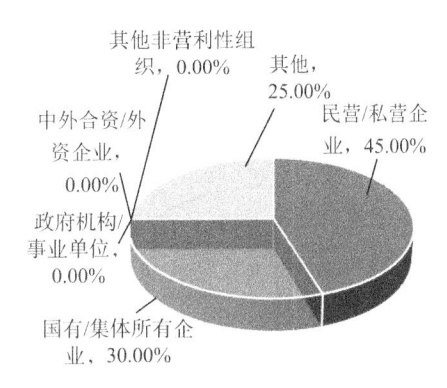

其他非营利性组织，0.00%
其他，25.00%
民营/私营企业，45.00%
中外合资/外资企业，0.00%
政府机构/事业单位，0.00%
国有/集体所有企业，30.00%

图 2-71　不同类型企业占比及岗位需求示意图

企业有 28.57%、300～999 人规模的企业有 23.81%、100～299 人规模的企业有 23.81%、10 000 人及以上规模的企业有 19.05%、100 人以下规模的企业有 4.76%。在不同规模用人单位对装修工程师岗位需求数量方面，1 000～9 999 人规模的企业共提供了 15 个需求，占装修工程师全部需求的 37.5%。300～999 人规模的企业共提供了 10 个需求，占装修工程师全部需求的 25.0%。100～299 人规模的企业共提供了 9 个需求，占装修工程师全部需求的 22.5%。10 000 人及以上规模的企业共提供了 5 个需求，占装修工程师全部需求的 12.5%。100 人以下规模的企业共提供了 1 个需求，占装修工程师全部需求的 2.5%。具体如图 2-72 所示。

企业公司数量占比

10 000人及以上，19.05%
100人以下，4.76%
100~299人，23.81%
1 000~9 999人，28.57%
300~999人，23.81%

企业招聘数量占比

10 000人及以上，12.50%
100人以下，2.50%
100~299人，22.50%
1 000~9 999人，37.50%
300~999人，25.00%

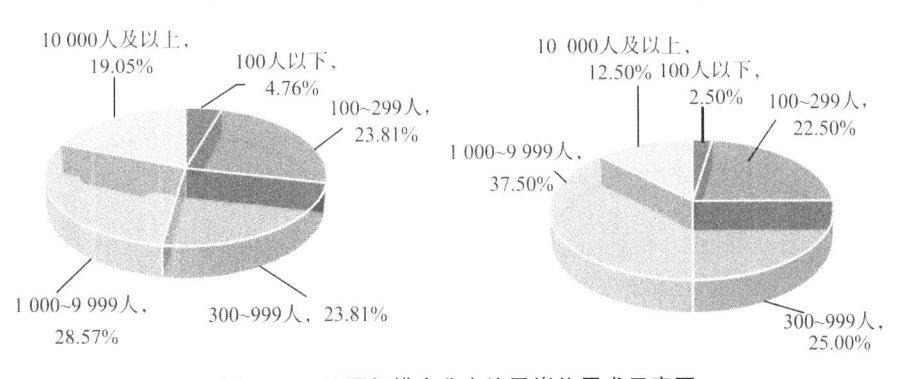

图 2-72　不同规模企业占比及岗位需求示意图

5. 城市分布

经调研,装修工程师岗位在京津冀范围内3个省市均有需求,涉及省市数在全部相关岗位中处于上游水平,岗位需求分布广泛。其中,河北省省会石家庄市对装修工程师岗位需求量有0个、占比0.0%。本校所在地邢台市,对装修工程师岗位需求量有0个、占比0.0%。装修工程师岗位在京津冀各省市需求情况如图2-73所示。

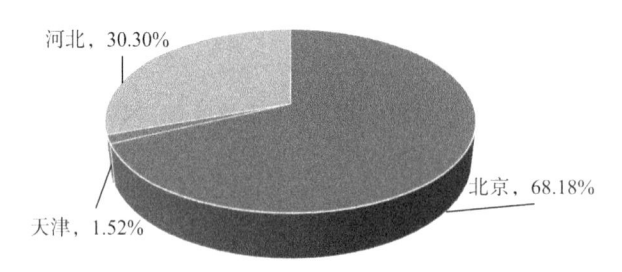

图 2-73 京津冀各省市对装修工程师岗位需求量占比示意图

(十) 给排水/暖通工程岗

1. 薪资水平

经调研,给排水/暖通工程岗位在京津冀的平均薪资水平为7 682元,在全部工程造价(本科专业)相关岗位中处于中下游水平,具体如图2-74所示。就给排水/暖通工程岗位本身而言,用人单位提供的薪资最高为18 000元,最低为4 500元,多数薪资范围处于5 000~6 999元,薪资水平波动较大,具体如图2-75所示。

2. 岗位需求量

经调研,给排水/暖通工程岗在京津冀的岗位需求总量为78个,占全部工程造价(本科专业)相关岗位的0.26%,在所有岗位中占比处于上游水平,具体如图2-76所示。

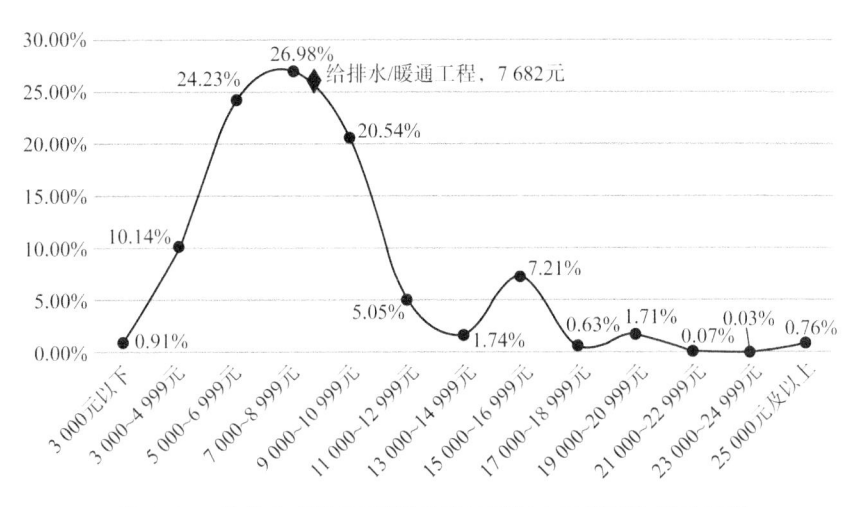

图 2-74　给排水/暖通工程岗位平均薪资水平相对位置示意图

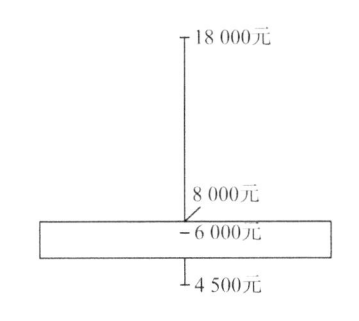

图 2-75　给排水/暖通工程岗位薪资范围示意图

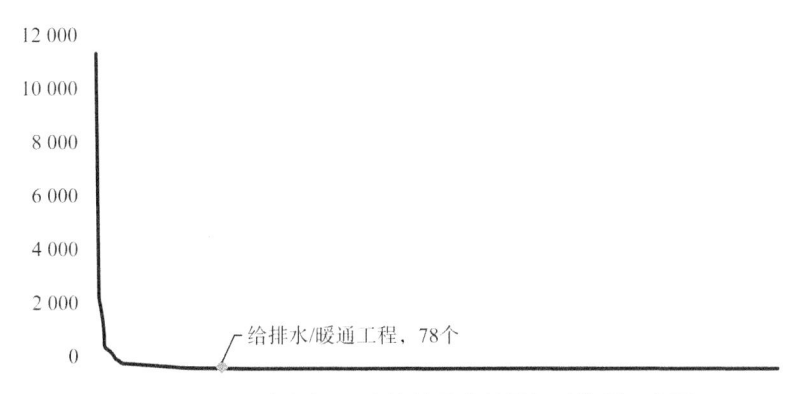

图 2-76　给排水/暖通工程岗位需求数量相对位置示意图

3. 岗位与专业培养相关性

经调研,给排水/暖通工程岗位的工作内容与本专业人才培养内容相关程度达到 72.92%,绝大部分工作所需知识、技能、素养能够在在校期间得到充分培养,从事本岗位与专业培养的相关性极高。具体如图 2-77 所示。

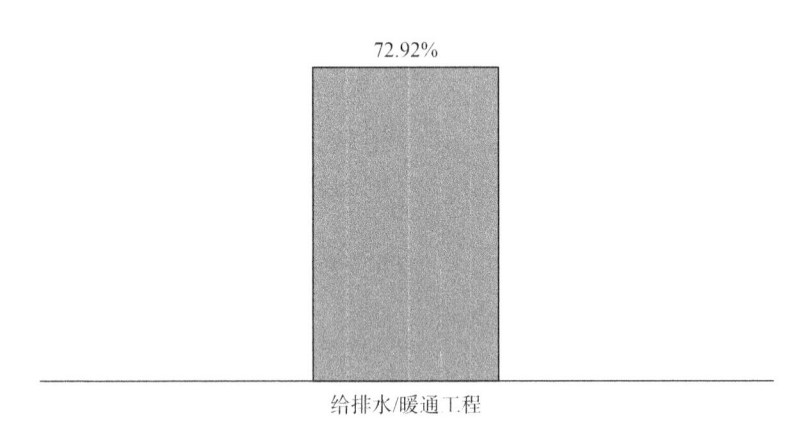

图 2-77 给排水/暖通工程岗位工作内容与本专业培养相关性示意图

4. 雇主质量

经调研,给排水/暖通工程岗位在京津冀内共有 11 家用人单位有明确需求,雇主数量在所有岗位中处于上游水平,岗位需求分布广泛。具体如图 2-78 所示。

在对给排水/暖通工程岗位有需求的各类型用人单位中,民营/私营企业占比 36.36%、国企占比 27.27%、中外合资/外资企业占比 18.18%。在不同类型用人单位对给排水/暖通工程岗位需求数量方面,民营/私营企业共提供了 33 个需求,占给排水/暖通工程全部需求的 42.31%。国企共提供了 30 个需求,占给排水/暖通工程全部需求的 38.46%。中外合资/外资企业共提供了 7 个需求,占给排水/暖通工程全部需求的 8.97%。具体如图 2-79 所示。

在对给排水/暖通工程岗位有需求的各类型用人单位中,100~299 人规模的企业有 36.36%、1 000~9 999 人规模的企业有 27.27%、100 人以下规模的企业有 18.18%、300~999 人规模的企业有 9.09%、10 000 人及以上规模的企业有 9.09%。在不同规模用人单位对给排水/暖通工程岗位需求数量方面,

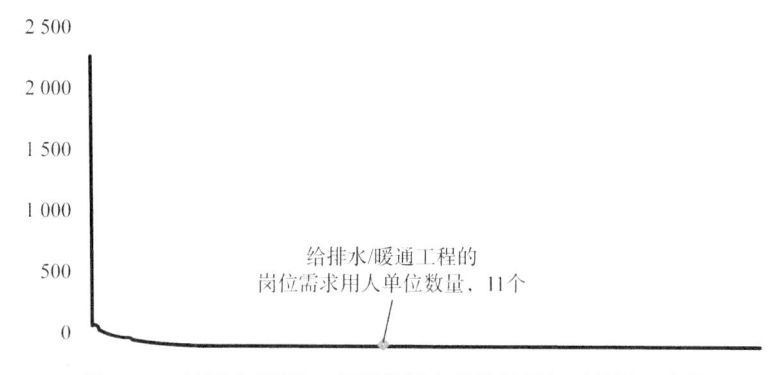

图 2-78　给排水/暖通工程岗位用人单位数量相对位置示意图

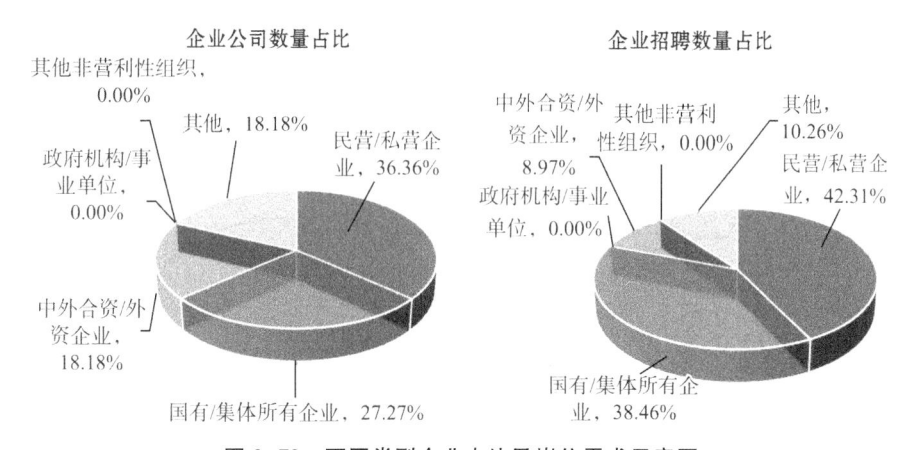

图 2-79　不同类型企业占比及岗位需求示意图

100~299 人规模的企业共提供了 32 个需求,占给排水/暖通工程全部需求的 41.03%。1 000~9 999 人规模的企业共提供了 28 个需求,占给排水/暖通工程全部需求的 35.90%。100 人以下规模的企业共提供了 8 个需求,占给排水/暖通工程全部需求的 10.26%。300~999 人规模的企业共提供了 5 个需求,占给排水/暖通工程全部需求的 6.41%。10 000 人及以上规模的企业共提供了 5 个需求,占给排水/暖通工程全部需求的 6.41%。具体如图 2-80 所示。

企业公司数量占比

10 000人及以上，9.09%
1 000~9 999人，27.27%
100人以下，18.18%
300~999人，9.09%
100~299人，36.36%

企业招聘数量占比

10 000人及以上，6.41%
1 000~9 999人，35.90%
100人以下，10.26%
100~299人，41.03%
300~999人，6.41%

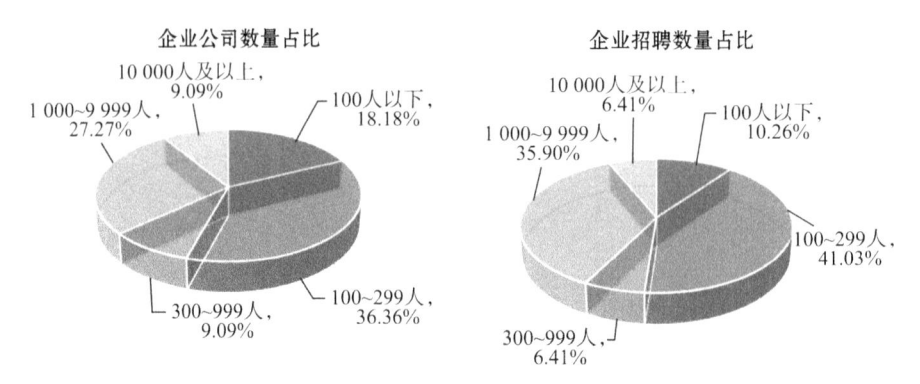

图 2-80　不同规模企业占比及岗位需求示意图

5. 城市分布

经调研，给排水/暖通工程岗位在京津冀范围内 3 个省市均有需求，涉及省市数在全部相关岗位中处于上游水平，岗位需求分布广泛。其中，河北省省会石家庄市对给排水/暖通工程岗位需求量有 20 个、占比 25.64%。本校所在地邢台市，对给排水/暖通工程岗位需求量有 0 个、占比 0.0%。给排水/暖通工程岗位在京津冀各省市需求情况如图 2-81 所示。

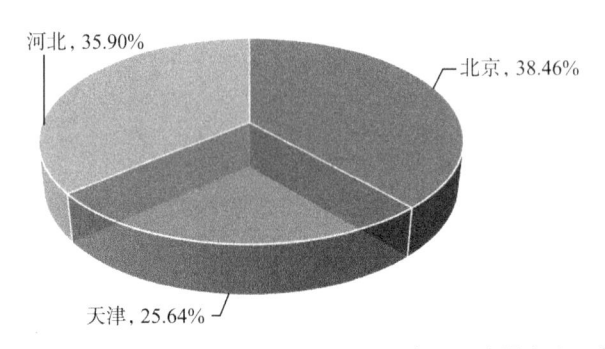

河北，35.90%
北京，38.46%
天津，25.64%

图 2-81　京津冀各省市对给排水/暖通工程岗位需求量占比示意图

（十一）土木/土建工程师岗

1. 薪资水平

经调研，土木/土建工程师岗位在京津冀的平均薪资水平为 8 079 元，在全部工程造价(本科专业)相关岗位中处于中下游水平,具体如图 2-82 所示。就土木/土建工程师岗位本身而言,用人单位提供的薪资最高为 25 000 元,最低为 2 000 元,多数薪资范围处于 7 000～8 999 元,薪资水平较为稳定,具体如图 2-83 所示。

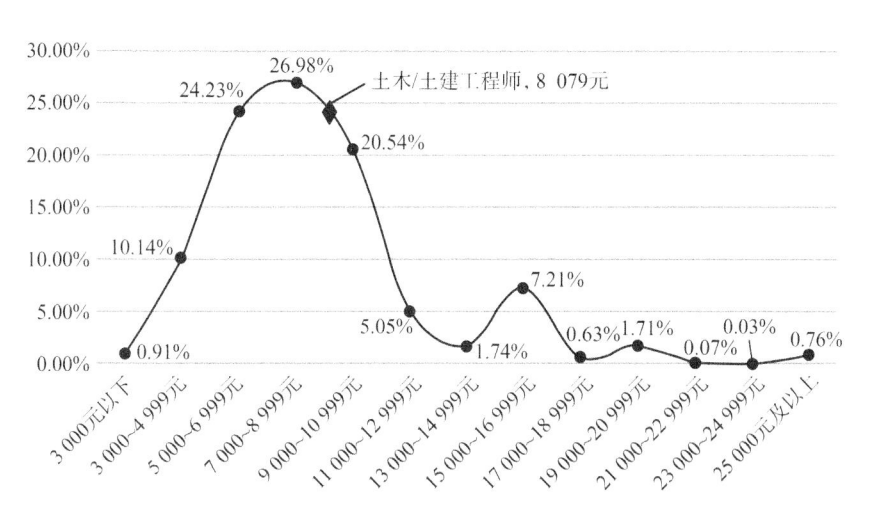

图 2-82　土木/土建工程师岗位平均薪资水平相对位置示意图

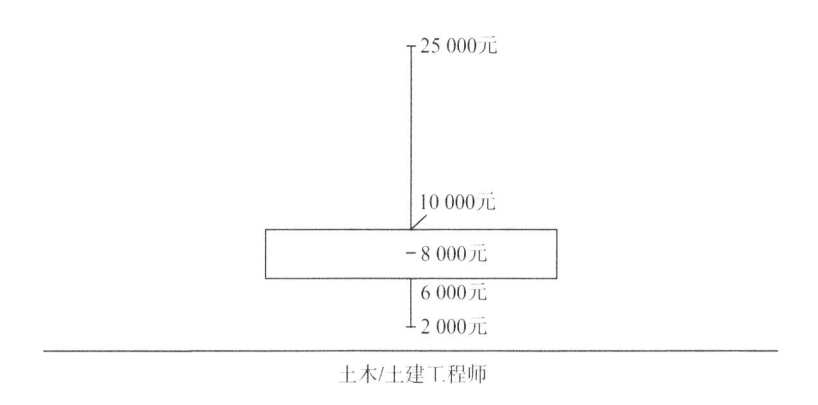

图 2-83　土木/土建工程师岗位薪资范围示意图

2. 岗位需求量

经调研,土木/土建工程师岗在京津冀的岗位需求总量为 2 653 个,占全部工程造价(本科专业)相关岗位的 8.77%,在所有岗位中占比处于上游水平,具体如图 2-84 所示。

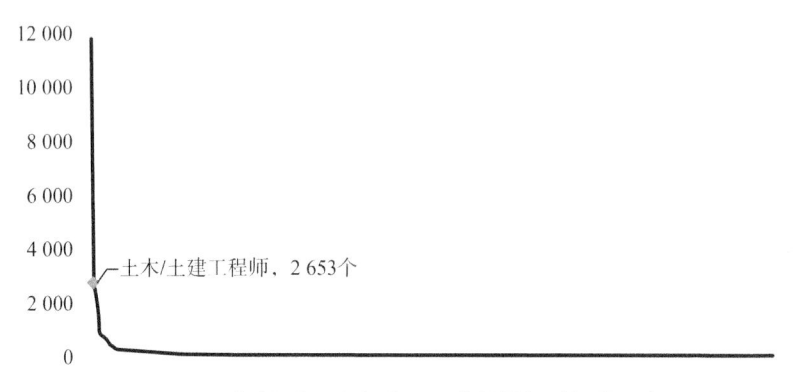

图 2-84　土木/土建工程师岗位需求数量相对位置示意图

3. 岗位与专业培养相关性

经调研,土木/土建工程师岗位的工作内容与本专业人才培养内容相关程度达到 79.17%,绝大部分工作所需知识、技能、素养能够在在校期间得到充分培养,从事本岗位与专业培养的相关性极高。具体如图 2-85 所示。

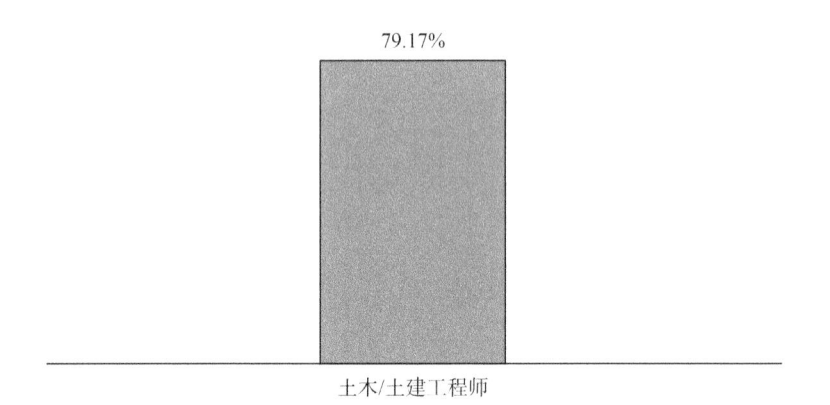

图 2-85　土木/土建工程师岗位工作内容与本专业培养相关性示意图

4. 雇主质量

经调研,土木/土建工程师岗位在京津冀内共有 197 家用人单位有明确需求,雇主数量在所有岗位中处于上游水平,岗位需求分布广泛。具体如图

2-86 所示。

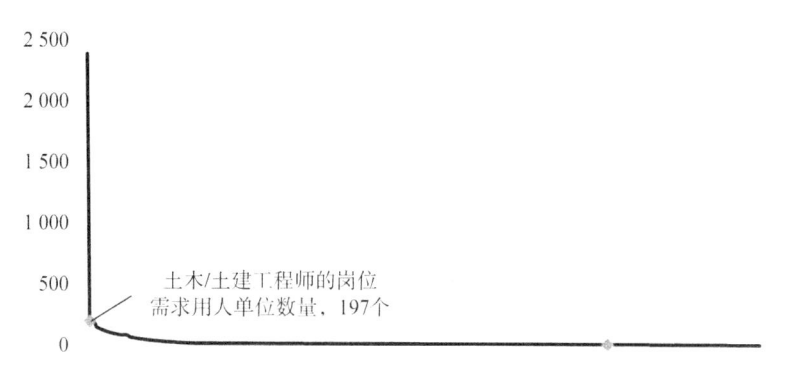

图 2-86 土木/土建工程师岗位用人单位数量相对位置示意图

在对土木/土建工程师岗位有需求的各类型用人单位中,民营/私营企业占比 42.13%、国企占比 37.56%、中外合资/外资企业占比 4.06%、政府机构/事业单位占比 0.51%。在不同类型用人单位对土木/土建工程师岗位需求数量方面,国企共提供了 1 751 个需求,占土木/土建工程师全部需求的 66.00%。民营/私营企业共提供了 645 个需求,占土木/土建工程师全部需求的 24.31%。中外合资/外资企业共提供了 13 个需求,占土木/土建工程师全部需求的 0.49%。政府机构/事业单位共提供了 1 个需求,占土木/土建工程师全部需求的 0.04%。具体如图 2-87 所示。

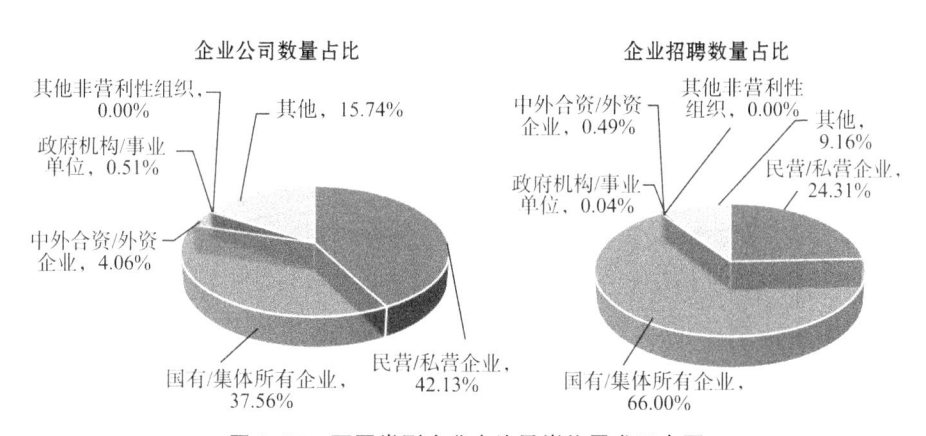

图 2-87 不同类型企业占比及岗位需求示意图

在对土木/土建工程师岗位有需求的各类型用人单位中,100~299人规模的企业有24.24%、1 000~9 999人规模的企业有23.74%、100人以下规模的企业有22.22%、300~999人规模的企业有18.69%、10 000人及以上规模的企业有11.11%。在不同规模用人单位对土木/土建工程师岗位需求数量方面,1 000~9 999人规模的企业共提供了1 249个需求,占土木/土建工程师全部需求的47.08%。100~299人规模的企业共提供了464个需求,占土木/土建工程师全部需求的17.49%。10 000人及以上规模的企业共提供了437个需求,占土木/土建工程师全部需求的16.47%。100人以下规模的企业共提供了256个需求,占土木/土建工程师全部需求的9.65%。300~999人规模的企业共提供了247个需求,占土木/土建工程师全部需求的9.31%。具体如图2-88所示。

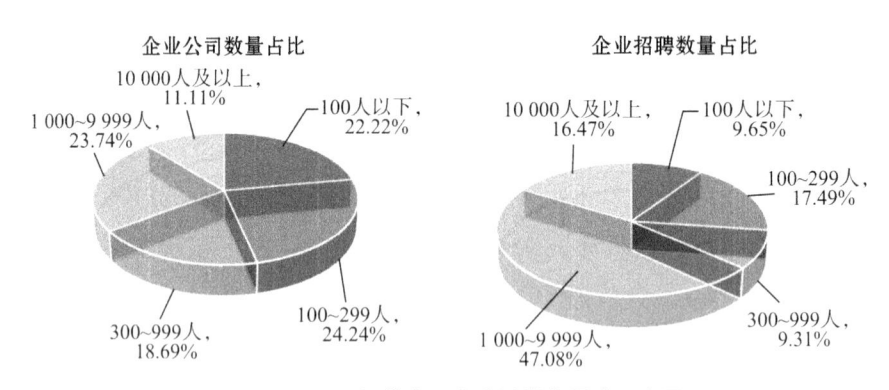

图2-88 不同规模企业占比及岗位需求示意图

5. 城市分布

经调研,土木/土建工程师岗位在京津冀范围内3个省市均有需求,涉及省市数在全部相关岗位中处于上游水平,岗位需求分布广泛。其中,河北省省会石家庄市对土木/土建工程师岗位需求量有568个、占比21.41%。本校所在地邢台市,对土木/土建工程师岗位需求量有8个、占比0.3%。土木/土建工程师岗位在京津冀各省市需求情况如图2-89所示。

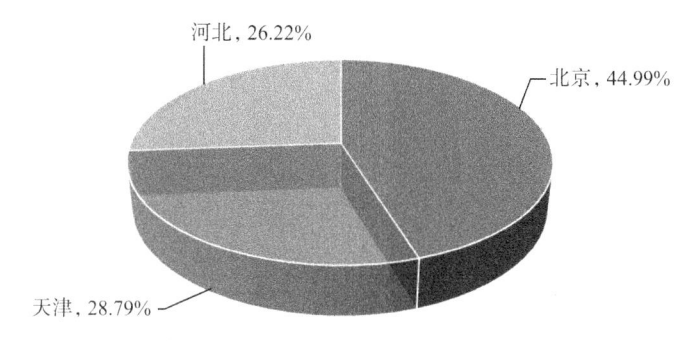

图 2-89　京津冀各省市对土木/土建工程师岗位需求量占比示意图

（十二）安装工程师岗

1. 薪资水平

经调研，安装工程师岗位在京津冀的平均薪资水平为 9 846 元，在全部工程造价（本科专业）相关岗位中处于中上游水平，具体如图 2-90 所示。就安装工程师岗位本身而言，用人单位提供的薪资最高为 25 000 元，最低为 6 000 元，多数薪资范围处于 7 000~8 999 元，薪资水平波动较大，具体如图 2-91 所示。

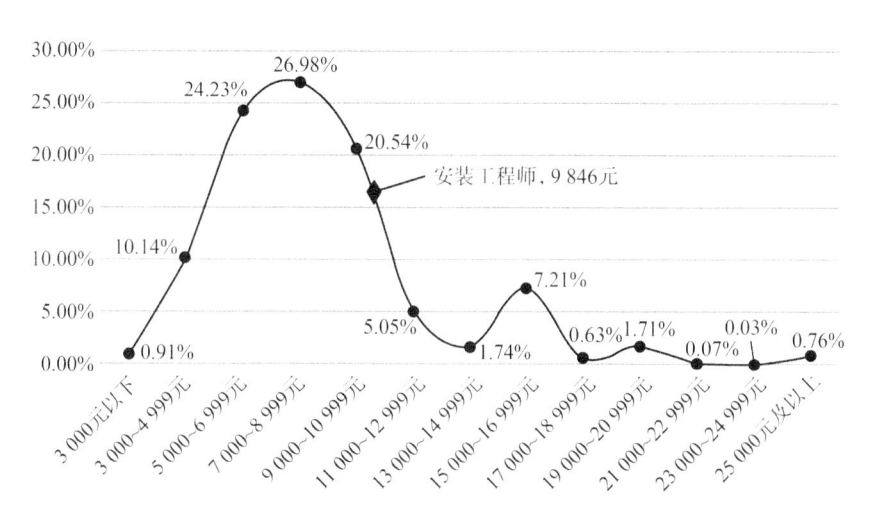

图 2-90　安装工程师岗位平均薪资水平相对位置示意图

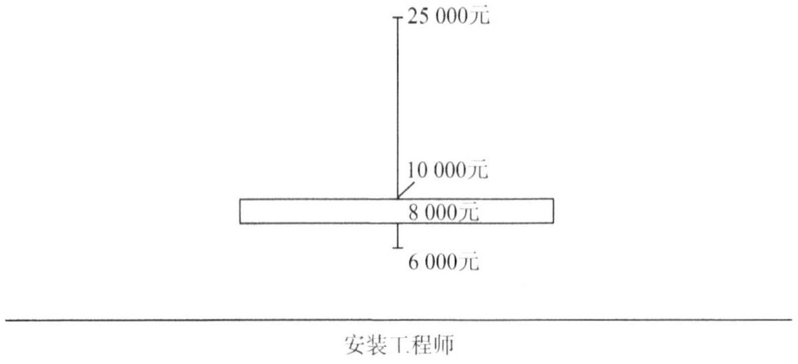

25 000元

10 000元

8 000元

6 000元

安装工程师

图 2-91　安装工程师岗位薪资范围示意图

2. 岗位需求量

经调研，安装工程师岗在京津冀的岗位需求总量为 95 个，占全部工程造价（本科专业）相关岗位的 0.31%，在所有岗位中占比处于上游水平，具体如图 2-92 所示。

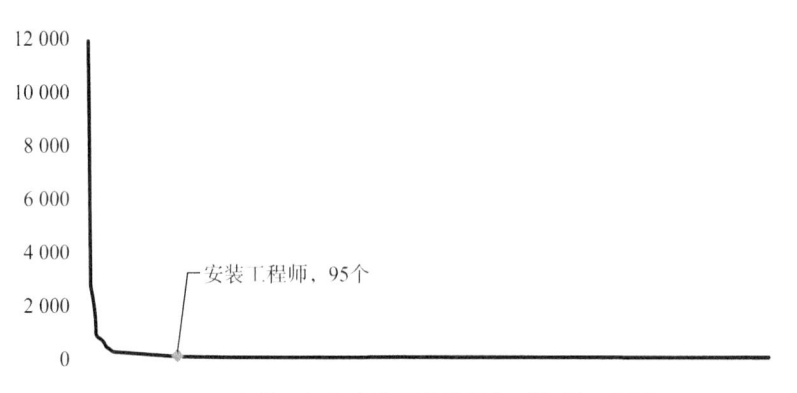

安装工程师，95个

图 2-92　安装工程师岗位需求数量相对位置示意图

3. 岗位与专业培养相关性

经调研，安装工程师岗位的工作内容与本专业人才培养内容相关程度达到 83.33%，绝大部分工作所需知识、技能、素养能够在在校期间得到充分培养，从事本岗位与专业培养的相关性极高。具体如图 2-93 所示。

83.33%

安装工程师

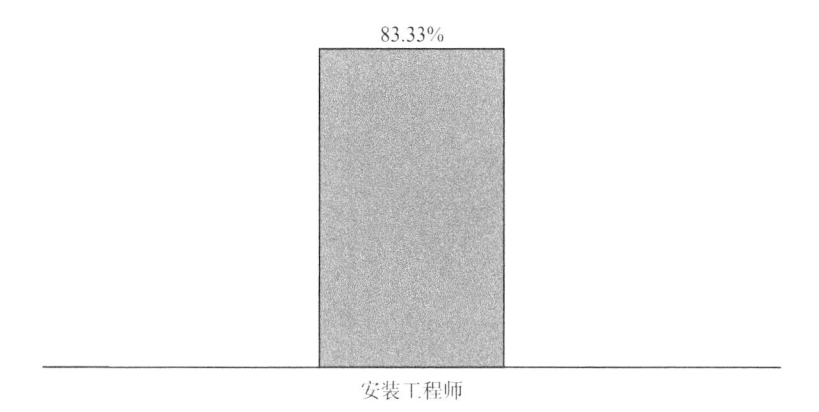

图 2-93　安装工程师岗位工作内容与本专业培养相关性示意图

4. 雇主质量

经调研,安装工程师岗位在京津冀内共有 21 家用人单位有明确需求,雇主数量在所有岗位中处于上游水平,岗位需求分布广泛。具体如图 2-94 所示。

安装工程师的岗位
需求用人单位数量,21 个

图 2-94　安装工程师岗位用人单位数量相对位置示意图

在对安装工程师岗位有需求的各类型用人单位中,国企占比 28.57%、民营/私营企业占比 23.81%、中外合资/外资企业占比 9.52%。在不同类型用人单位对安装工程师岗位需求数量方面,国企共提供了 69 个需求,占安装工程师全部需求的 72.63%。民营/私营企业共提供了 5 个需求,占安装工程师全部需求的 5.26%。中外合资/外资企业共提供了 2 个需求,占安装工程师全部需求的 2.11%。具体如图 2-95 所示。

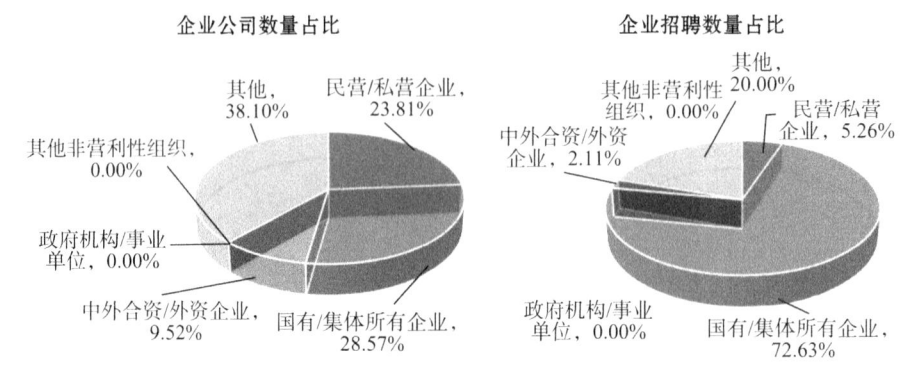

图 2-95 不同类型企业占比及岗位需求示意图

在对安装工程师岗位有需求的各类型用人单位中，1 000~9 999 人规模的企业有 33.33%、300~999 人规模的企业有 19.05%、100~299 人规模的企业有 19.05%、100 人以下规模的企业有 14.29%、10 000 人及以上规模的企业有 14.29%。在不同规模用人单位对安装工程师岗位需求数量方面，1 000~9 999 人规模的企业共提供了 77 个需求，占安装工程师全部需求的 81.05%。300~999 人规模的企业共提供了 7 个需求，占安装工程师全部需求的 7.37%。100~299 人规模的企业共提供了 4 个需求，占安装工程师全部需求的 4.21%。10 000 人及以上规模的企业共提供了 4 个需求，占安装工程师全部需求的 4.21%。100 人以下规模的企业共提供了 3 个需求，占安装工程师全部需求的 3.16%。具体如图 2-96 所示。

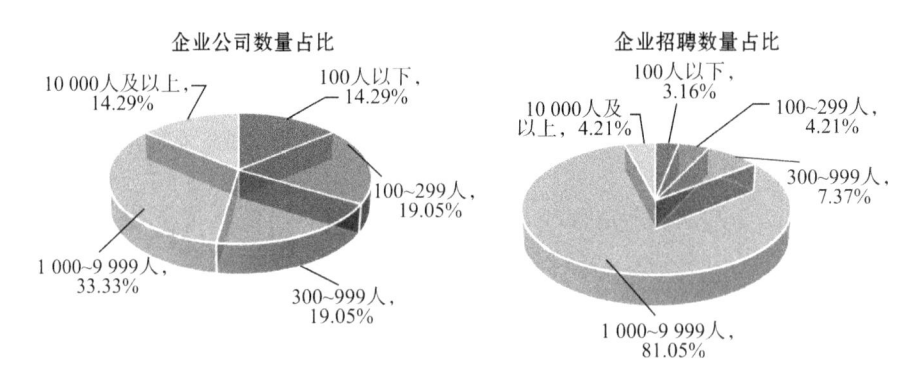

图 2-96 不同规模企业占比及岗位需求示意图

5. 城市分布

经调研,安装工程师岗位在京津冀范围内 3 个省市均有需求,涉及省市数在全部相关岗位中处于上游水平,岗位需求分布广泛。其中,河北省省会石家庄市对安装工程师岗位需求量有 2 个、占比 2.11%。本校所在地邢台市,对安装工程师岗位需求量有 0 个、占比 0.0%。安装工程师岗位在京津冀各省市需求情况如图 2-97 所示。

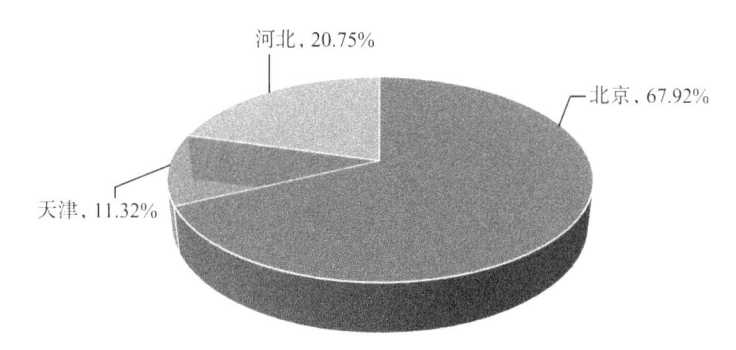

图 2-97 京津冀各省市对安装工程师岗位需求量占比示意图

(十三) 园艺/园林/景观设计岗

1. 薪资水平

经调研,园艺/园林/景观设计岗位在京津冀的平均薪资水平为 8 048 元,在全部工程造价(本科专业)相关岗位中处于中下游水平,具体如图 2-98 所示。就园艺/园林/景观设计岗位本身而言,用人单位提供的薪资最高为 15 000 元,最低为 4 000 元,多数薪资范围处于 5 000~6 999 元,薪资水平波动较大,具体如图 2-99 所示。

2. 岗位需求量

经调研,园艺/园林/景观设计岗在京津冀的岗位需求总量为 88 个,占全部工程造价(本科专业)相关岗位的 0.29%,在所有岗位中占比处于上游水平,具体如图 2-100 所示。

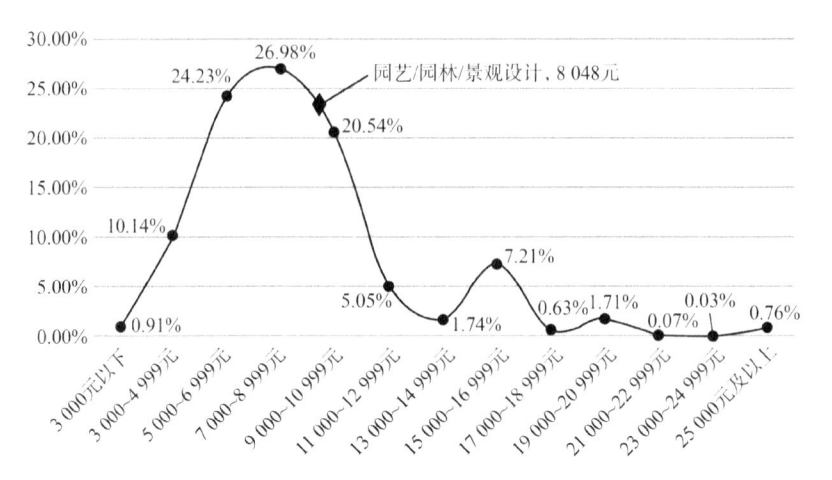

图 2-98　园艺/园林/景观设计岗位平均薪资水平相对位置示意图

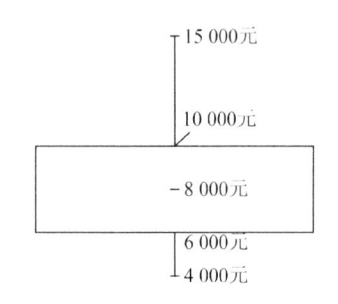

图 2-99　园艺/园林/景观设计岗位薪资范围示意图

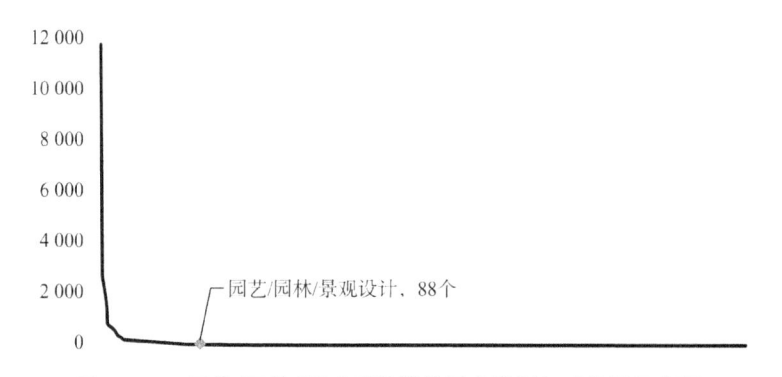

图 2-100　园艺/园林/景观设计岗位需求数量相对位置示意图

3. 岗位与专业培养相关性

经调研，园艺/园林/景观设计岗位的工作内容与本专业人才培养内容相关程度达到 66.67%，大部分工作所需知识、技能、素养能够在在校期间得到充分培养，从事本岗位与专业培养的相关性较高。具体如图 2-101 所示。

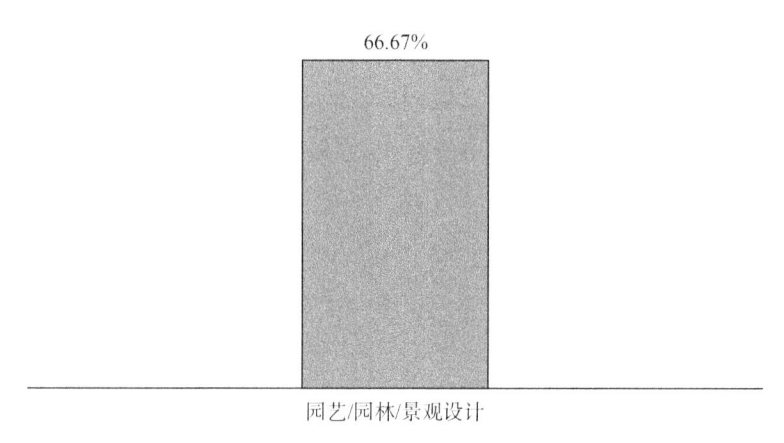

图 2-101　园艺/园林/景观设计岗位工作内容与本专业培养相关性示意图

4. 雇主质量

经调研，园艺/园林/景观设计岗位在京津冀内共有 15 家用人单位有明确需求，雇主数量在所有岗位中处于上游水平，岗位需求分布广泛。具体如图 2-102 所示。

在对园艺/园林/景观设计岗位有需求的各类型用人单位中，民营/私营企业占比 68.75%、国企占比 12.5%、中外合资/外资企业占比 6.25%、政府机构/事业单位占比 6.25%。在不同类型用人单位对园艺/园林/景观设计岗位需求数量方面，民营/私营企业共提供了 77 个需求，占园艺/园林/景观设计全部需求的 87.5%。政府机构/事业单位共提供了 5 个需求，占园艺/园林/景观设计全部需求的 5.68%。国企共提供了 4 个需求，占园艺/园林/景观设计全部需求的 4.55%。中外合资/外资企业共提供了 1 个需求，占园艺/园林/景观设计全部需求的 1.14%。具体如图 2-103 所示。

在对园艺/园林/景观设计岗位有需求的各类型用人单位中，100 人以下规

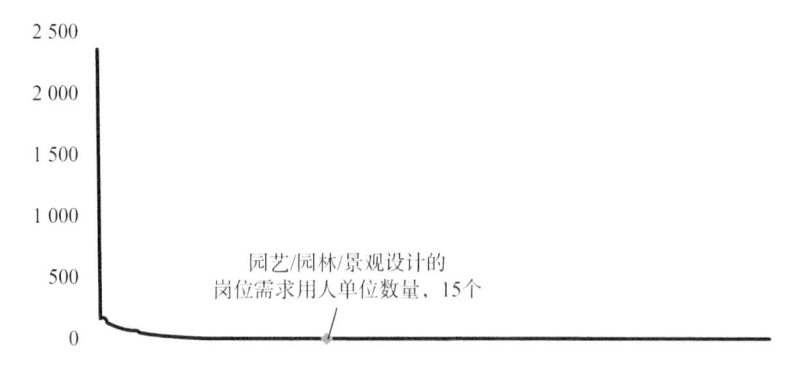

图 2-102　园艺/园林/景观设计岗位用人单位数量相对位置示意图

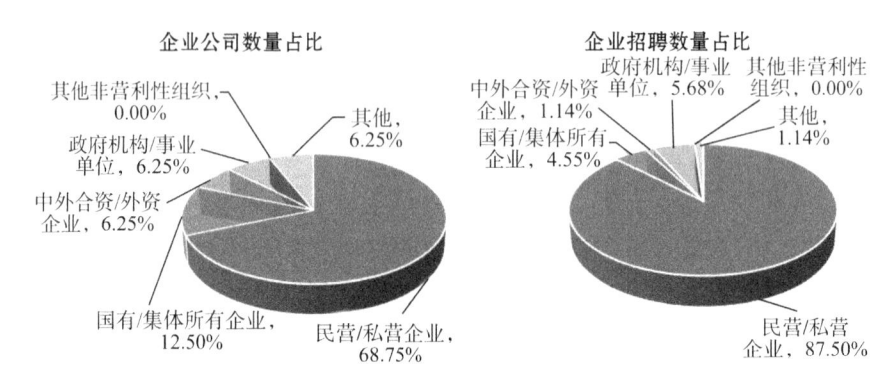

图 2-103　不同类型企业占比及岗位需求示意图

模的企业有 33.33%、1 000～9 999 人规模的企业有 26.67%、100～299 人规模的企业有 20.0%、10 000 人及以上规模的企业有 13.33%、300～999 人规模的企业有 6.67%。在不同规模用人单位对园艺/园林/景观设计岗位需求数量方面，1 000～9 999 人规模的企业共提供了 49 个需求，占园艺/园林/景观设计全部需求的 55.68%。100 人以下规模的企业共提供了 24 个需求，占园艺/园林/景观设计全部需求的 27.27%。100～299 人规模的企业共提供了 7 个需求，占园艺/园林/景观设计全部需求的 7.95%。300～999 人规模的企业共提供了 5 个需求，占园艺/园林/景观设计全部需求的 5.68%。10 000 人及以上规模的企业共提供了 3 个需求，占园艺/园林/景观设计全部需求的 3.41%。具体如图 2-104 所示。

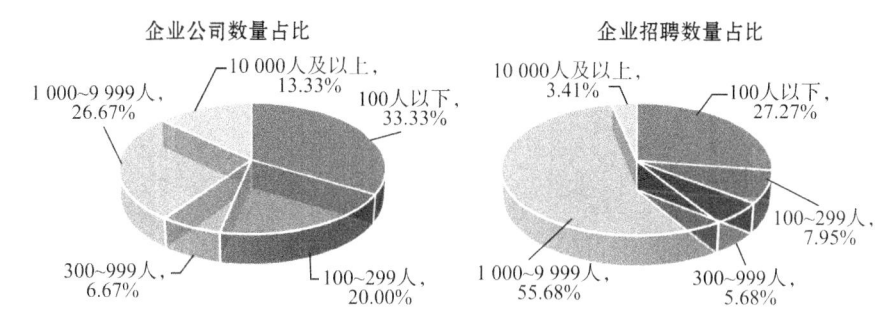

图 2-104　不同规模企业占比及岗位需求示意图

5. 城市分布

经调研,园艺/园林/景观设计岗位在京津冀范围内 3 个省市均有需求,涉及省市数在全部相关岗位中处于上游水平,岗位需求分布广泛。其中,河北省省会石家庄市对园艺/园林/景观设计岗位需求量有 31 个、占比 35.23%。本校所在地邢台市,对园艺/园林/景观设计岗位需求量有 0 个、占比 0.0%。园艺/园林/景观设计岗位在京津冀各省市需求情况如图 2-105 所示。

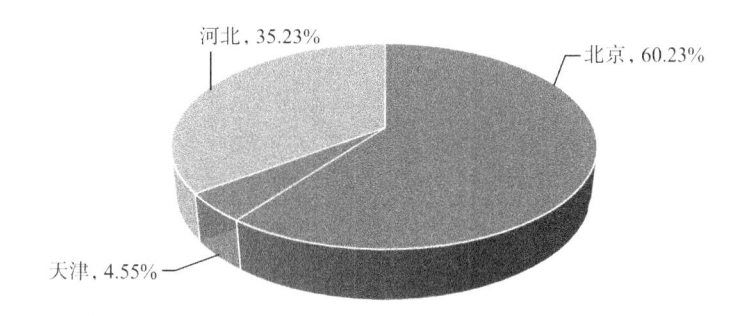

图 2-105　京津冀各省市对园艺/园林/景观设计岗位需求量占比示意图

(十四) 暖通工程师岗

1. 薪资水平

经调研,暖通工程师岗位在京津冀的平均薪资水平为 8 486 元,在全部工程造价(本科专业)相关岗位中处于中下游水平,具体如图 2-106 所示。就暖通工程师岗位本身而言,用人单位提供的薪资最高为 18 000 元,最低为 3 000 元,多数薪资范围处于 7 000～8 999 元,薪资水平波动较大,具体如图 2-107 所示。

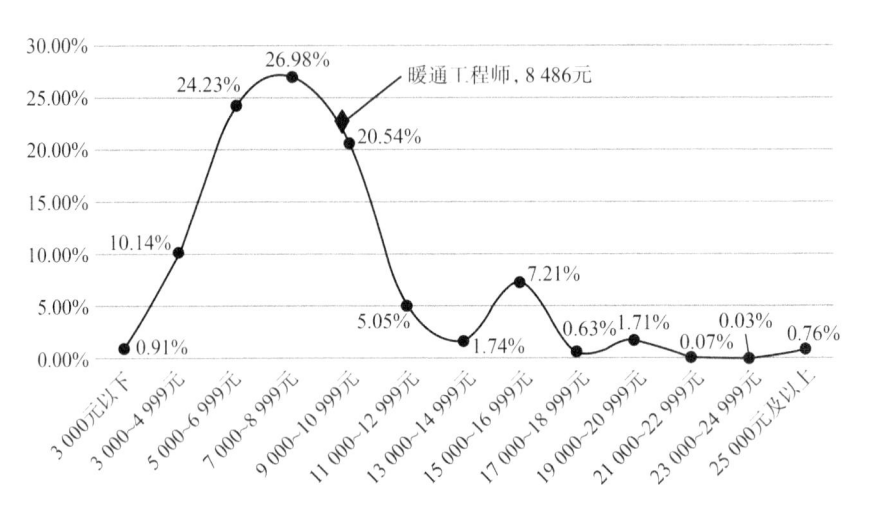

图 2-106　暖通工程师岗位平均薪资水平相对位置示意图

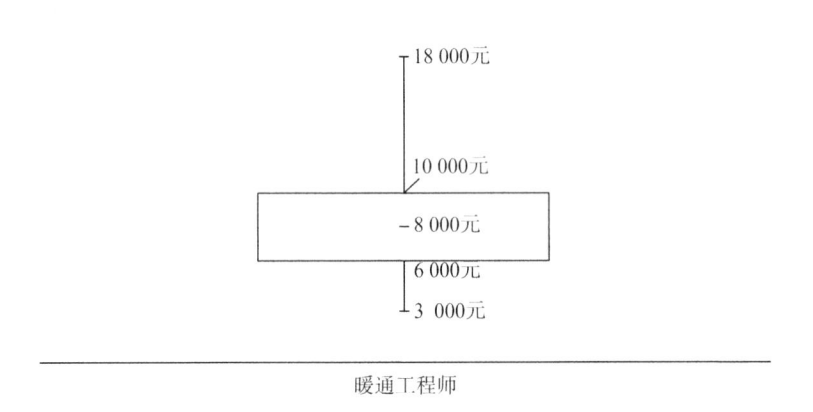

图 2-107　暖通工程师岗位薪资范围示意图

2. 岗位需求量

经调研,暖通工程师岗在京津冀的岗位需求总量为 187 个,占全部工程造价(本科专业)相关岗位的 0.62%,在所有岗位中占比处于上游水平,具体如图 2-108 所示。

图 2-108 暖通工程师岗位需求数量相对位置示意图

3. 岗位与专业培养相关性

经调研,暖通工程师岗位的工作内容与本专业人才培养内容相关程度达到 72.92%,绝大部分工作所需知识、技能、素养能够在在校期间得到充分培养,从事本岗位与专业培养的相关性极高。具体如图 2-109 所示。

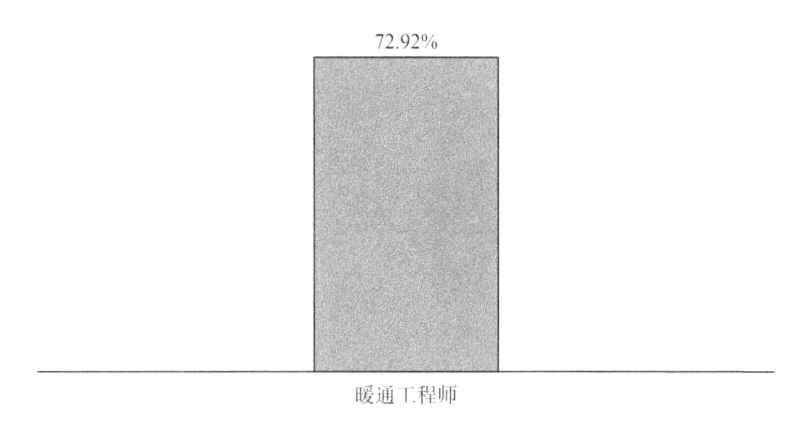

图 2-109 暖通工程师岗位工作内容与本专业培养相关性示意图

4. 雇主质量

经调研,暖通工程师岗位在京津冀内共有 52 家用人单位有明确需求,雇主数量在所有岗位中处于上游水平,岗位需求分布广泛。具体如图 2-110 所示。

在对暖通工程师岗位有需求的各类型用人单位中,民营/私营企业占比

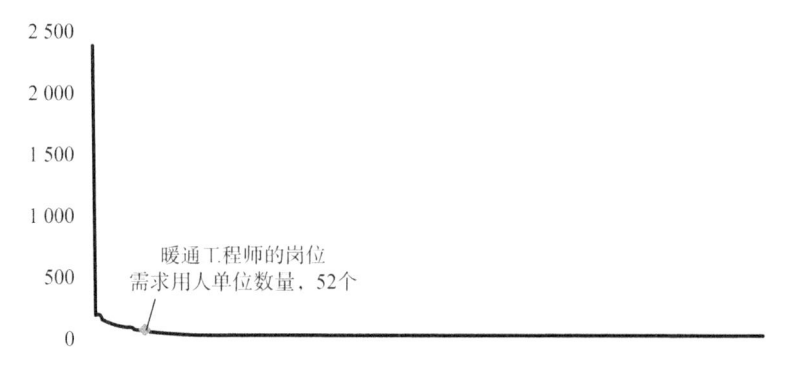

图 2-110 暖通工程师岗位用人单位数量相对位置示意图

61.54%、国企占比 17.31%、中外合资/外资企业占比 1.92%。在不同类型用人单位对暖通工程师岗位需求数量方面,民营/私营企业共提供了 90 个需求,占暖通工程师全部需求的 48.13%。国企共提供了 70 个需求,占暖通工程师全部需求的 37.43%。中外合资/外资企业共提供了 2 个需求,占暖通工程师全部需求的 1.07%。具体如图 2-111 所示。

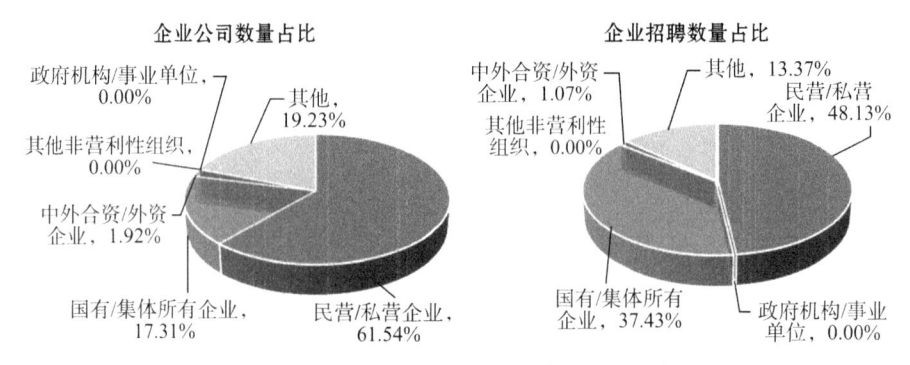

图 2-111 不同类型企业占比及岗位需求示意图

在对暖通工程师岗位有需求的各类型用人单位中,100 人以下规模的企业有 51.92%、100~299 人规模的企业有 19.23%、1 000~9 999 人规模的企业有 13.46%、300~999 人规模的企业有 7.69%、10 000 人及以上规模的企业有 7.69%。在不同规模用人单位对暖通工程师岗位需求数量方面,100 人以下规模的企业共提供了 73 个需求,占暖通工程师全部需求的 39.04%。1 000~9 999 人规模的企业共提供了 65 个需求,占暖通工程师全部需求的 34.76%。

100~299人规模的企业共提供了25个需求,占暖通工程师全部需求的13.37%。10 000人及以上规模的企业共提供了16个需求,占暖通工程师全部需求的8.56%。300~999人规模的企业共提供了8个需求,占暖通工程师全部需求的4.28%。具体如图2-112所示。

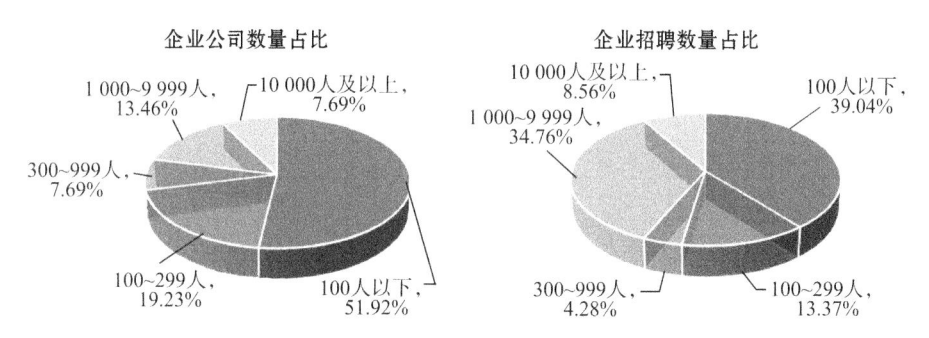

图2-112 不同规模企业占比及岗位需求示意图

5. 城市分布

经调研,暖通工程师岗位在京津冀范围内3个省市均有需求,涉及省市数在全部相关岗位中处于上游水平,岗位需求分布广泛。其中,河北省省会石家庄市对暖通工程师岗位需求量有6个、占比3.21%。本校所在地邢台市,对暖通工程师岗位需求量有0个、占比0.0%。暖通工程师岗位在京津冀各省市需求情况如图2-113所示。

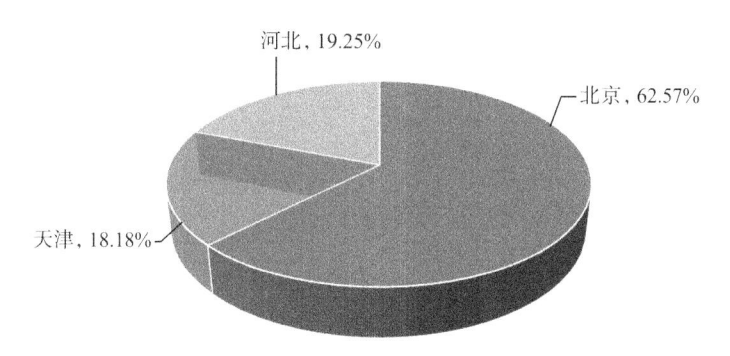

图2-113 京津冀各省市对暖通工程师岗位需求量占比示意图

(十五) 公路/桥梁/港口/隧道工程岗

1. 薪资水平

经调研,公路/桥梁/港口/隧道工程岗位在京津冀的平均薪资水平为 15 583 元,在全部工程造价(本科专业)相关岗位中处于上游水平,具体如图 2-114 所示。就公路/桥梁/港口/隧道工程岗位本身而言,用人单位提供的薪资最高为 30 000 元,最低为 6 000 元,多数薪资范围处于 7 000~8 999 元,薪资水平波动较大,具体如图 2-115 所示。

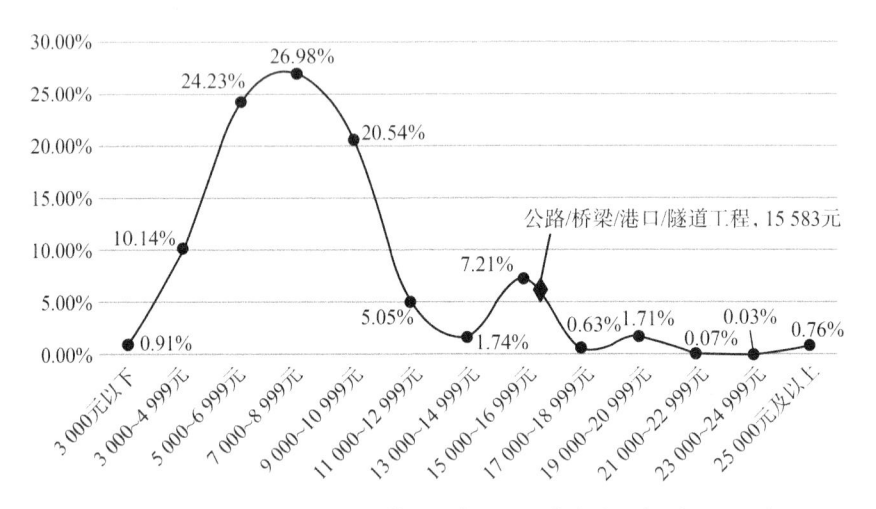

图 2-114 公路/桥梁/港口/隧道工程岗位平均薪资水平相对位置示意图

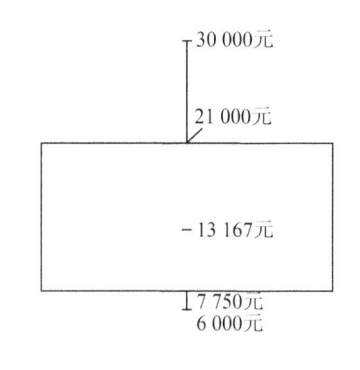

图 2-115 公路/桥梁/港口/隧道工程岗位薪资范围示意图

2. 岗位需求量

经调研,公路/桥梁/港口/隧道工程岗在京津冀的岗位需求总量为 30 个,占全部工程造价(本科专业)相关岗位的 0.1%,在所有岗位中占比处于上游水平,具体如图 2-116 所示。

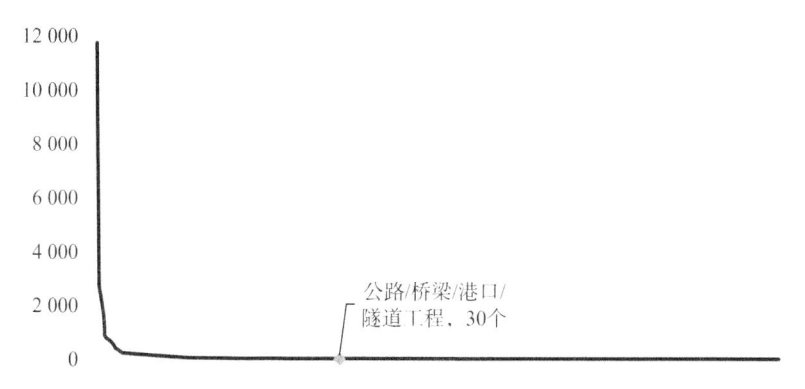

图 2-116　公路/桥梁/港口/隧道工程岗位需求数量相对位置示意图

3. 岗位与专业培养相关性

经调研,公路/桥梁/港口/隧道工程岗位的工作内容与本专业人才培养内容相关程度达到 72.92%,绝大部分工作所需知识、技能、素养能够在在校期间得到充分培养,从事本岗位与专业培养的相关性极高。具体如图 2-117 所示。

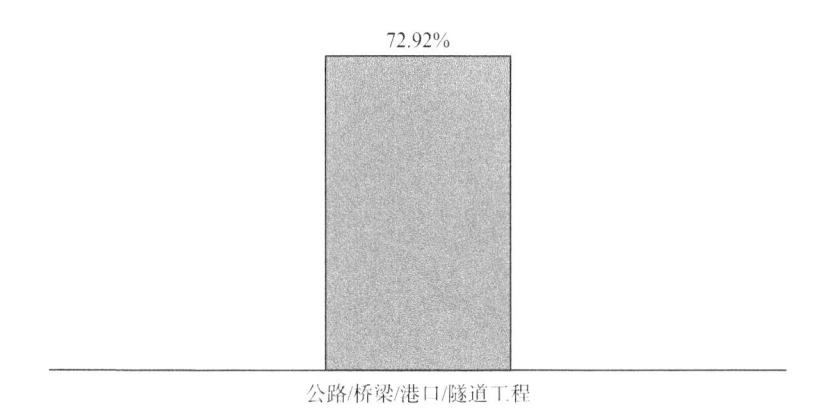

图 2-117　公路/桥梁/港口/隧道工程岗位工作内容与本专业培养相关性示意图

4. 雇主质量

经调研,公路/桥梁/港口/隧道工程岗位在京津冀内共有 4 家用人单位有明确需求,雇主数量在所有岗位中处于中上游水平,岗位需求分布广泛。具体如图 2-118 所示。

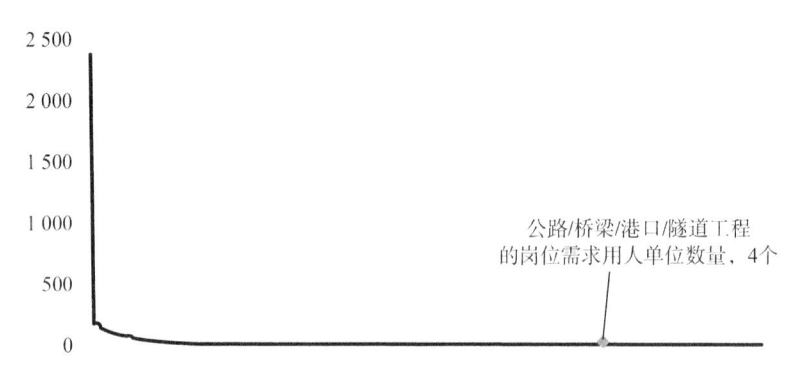

图 2-118 公路/桥梁/港口/隧道工程岗位用人单位数量相对位置示意图

在对公路/桥梁/港口/隧道工程岗位有需求的各类型用人单位中,国企占比 50.0%、中外合资/外资企业占比 50.0%。在不同类型用人单位对公路/桥梁/港口/隧道工程岗位需求数量方面,国企共提供了 15 个需求,占公路/桥梁/港口/隧道工程全部需求的 50.0%。中外合资/外资企业共提供了 15 个需求,占公路/桥梁/港口/隧道工程全部需求的 50.0%。具体如图 2-119 所示。

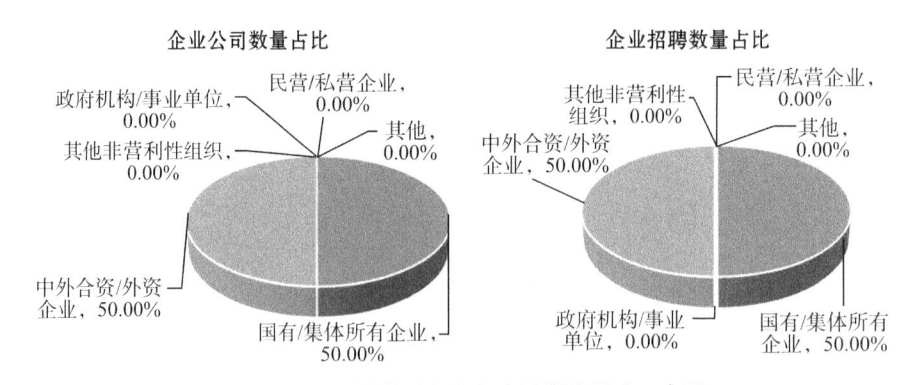

图 2-119 不同类型企业占比及岗位需求示意图

在对公路/桥梁/港口/隧道工程岗位有需求的各类型用人单位中,100 人以下规模的企业有 50.0%、1 000~9 999 人规模的企业有 25.0%、10 000 人及以上规模的企业有 25.0%。在不同规模用人单位对公路/桥梁/港口/隧道工程岗位需求数量方面,100 人以下规模的企业共提供了 15 个需求,占公路/桥梁/港口/隧道工程全部需求的 50.0%。10 000 人及以上规模的企业共提供了 10 个需求,占公路/桥梁/港口/隧道工程全部需求有 33.33%。1 000~9 999 人规模的企业共提供了 5 个需求,占公路/桥梁/港口/隧道工程全部需求的 16.67%。具体如图 2-120 所示。

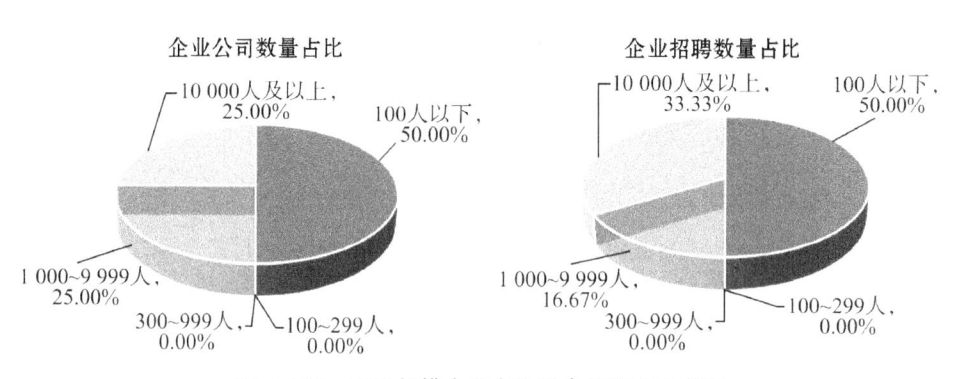

图 2-120 不同规模企业占比及岗位需求示意图

5. 城市分布

经调研,公路/桥梁/港口/隧道工程岗位在京津冀范围内 3 个省市均有需求,涉及省市数在全部相关岗位中处于上游水平,岗位需求分布广泛。其中,河北省省会石家庄市对公路/桥梁/港口/隧道工程岗位需求量有 0 个、占比 0.0%。本校所在地邢台市,对公路/桥梁/港口/隧道工程岗位需求量有 0 个、占比 0.0%。公路/桥梁/港口/隧道工程岗位在京津冀各省市需求情况如图 2-121 所示。

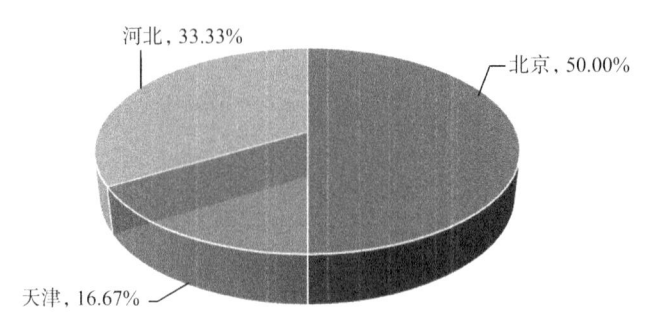

图 2-121　京津冀各省市对公路/桥梁/港口/隧道工程岗位需求量占比示意图

（十六）工程资料员岗

1. 薪资水平

经调研，工程资料员岗位在京津冀的平均薪资水平为 5 130 元，在全部工程造价（本科专业）相关岗位中处于下游水平，具体如图 2-122 所示。就工程资料员岗位本身而言，用人单位提供的薪资最高为 8 000 元，最低为 3 000 元，多数薪资范围处于 5 000~6 999 元，薪资水平波动较大，具体如图 2-123 所示。

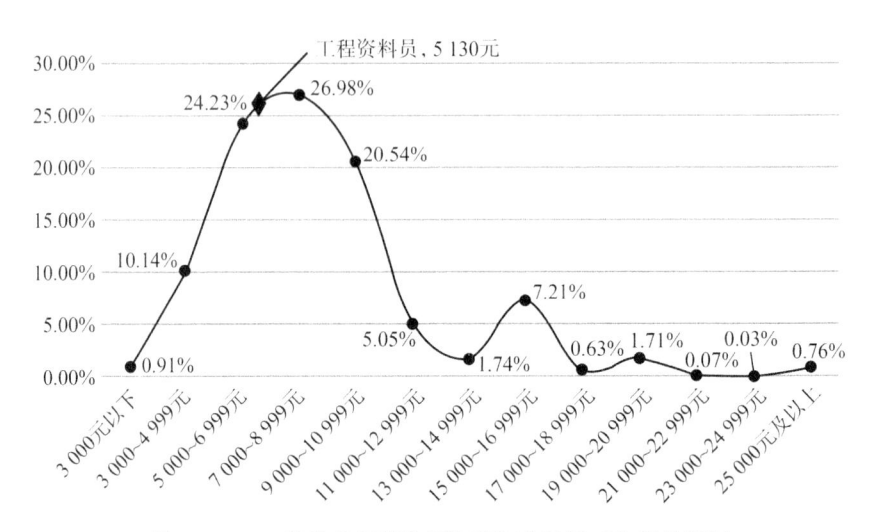

图 2-122　工程资料员岗位平均薪资水平相对位置示意图

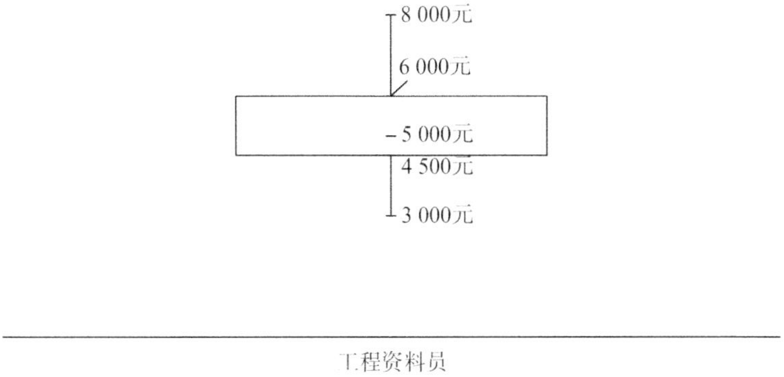

```
         ┌ 8 000元
         │
         ├ 6 000元
     ┌───┼──────────┐
     │   - 5 000元   │
     └───┼──────────┘
         ├ 4 500元
         │
         └ 3 000元
```

_____
工程资料员

图 2-123　工程资料员岗位薪资范围示意图

2. 岗位需求量

经调研，工程资料员岗在京津冀的岗位需求总量为 35 个，占全部工程造价（本科专业）相关岗位的 0.12%，在所有岗位中占比处于上游水平，具体如图 2-124 所示。

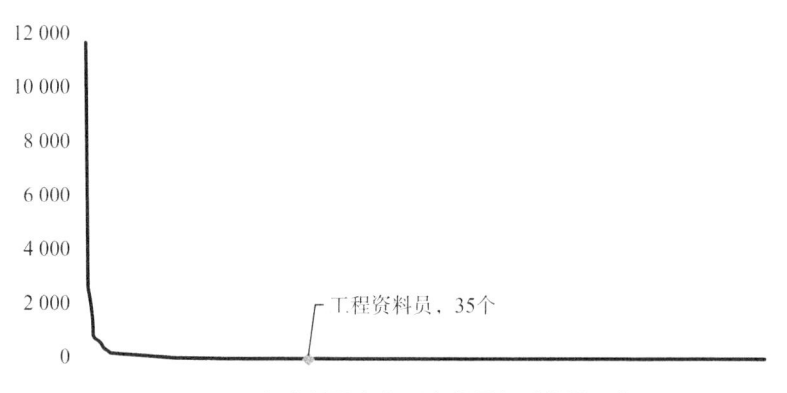

图 2-124　工程资料员岗位需求数量相对位置示意图

3. 岗位与专业培养相关性

经调研，工程资料员岗位的工作内容与本专业人才培养内容相关程度达到 75.0%，绝大部分工作所需知识、技能、素养能够在在校期间得到充分培养，从事本岗位与专业培养的相关性极高。具体如图 2-125 所示。

75.00%

工程资料员

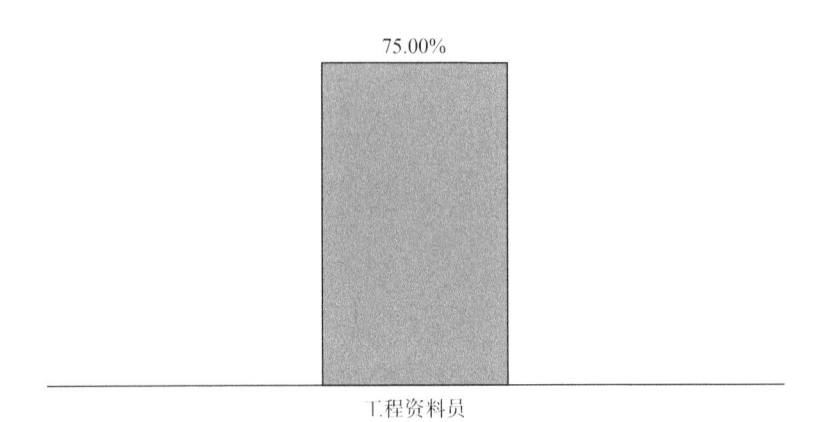

图 2-125　工程资料员岗位工作内容与本专业培养相关性示意图

4. 雇主质量

经调研,工程资料员岗位在京津冀内共有 21 家用人单位有明确需求,雇主数量在所有岗位中处于上游水平,岗位需求分布广泛。具体如图 2-126 所示。

工程资料员的岗位
需求用人单位数量,21个

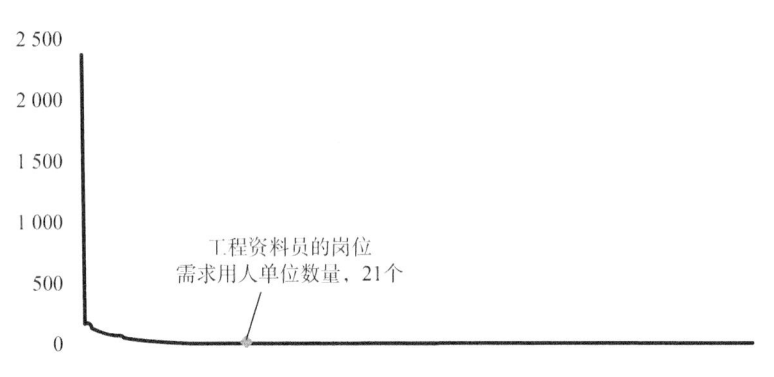

图 2-126　工程资料员岗位用人单位数量相对位置示意图

在对工程资料员岗位有需求的各类型用人单位中,民营/私营企业占比52.38%、国企占比28.57%。在不同类型用人单位对工程资料员岗位需求数量方面,民营/私营企业共提供了 13 个需求,占工程资料员全部需求的37.14%。国企共提供了11 个需求,占工程资料员全部需求的 31.43%。具体如图 2-127 所示。

企业公司数量占比

- 其他非营利性组织，0.00%
- 其他，19.05%
- 政府机构/事业单位，0.00%
- 中外合资/外资企业，0.00%
- 国有/集体所有企业，28.57%
- 民营/私营企业，52.38%

企业招聘数量占比

- 中外合资/外资企业，0.00%
- 其他非营利性组织，0.00%
- 其他，31.43%
- 民营/私营企业，37.14%
- 政府机构/事业单位，0.00%
- 国有/集体所有企业，31.43%

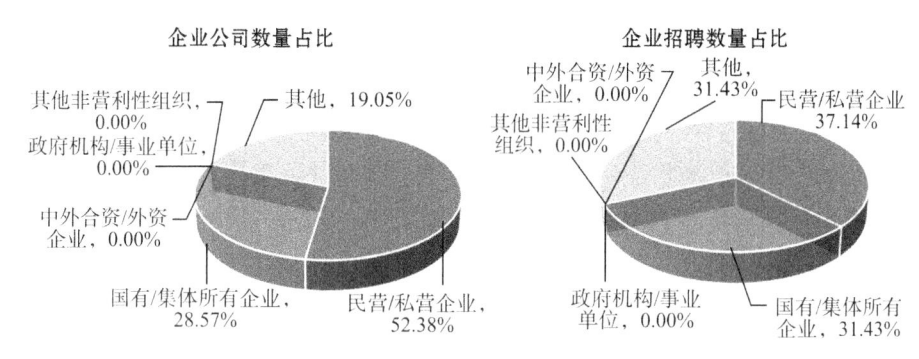

图 2-127　不同类型企业占比及岗位需求示意图

在对工程资料员岗位有需求的各类型用人单位中，100～299 人规模的企业有 38.1%、1 000～9 999 人规模的企业有 23.81%、100 人以下规模的企业有 14.29%、300～999 人规模的企业有 14.29%、10 000 人及以上规模的企业有 9.52%。在不同规模用人单位对工程资料员岗位需求数量方面，100～299 人规模的企业共提供了 15 个需求，占工程资料员全部需求的 42.86%。1 000～9 999 人规模的企业共提供了 10 个需求，占工程资料员全部需求的 28.57%。100 人以下规模的企业共提供了 4 个需求，占工程资料员全部需求的 11.43%。300～999 人规模的企业共提供了 3 个需求，占工程资料员全部需求的 8.57%。10 000 人及以上规模的企业共提供了 3 个需求，占工程资料员全部需求的 8.57%。具体如图 2-128 所示。

企业公司数量占比

- 1 000~9 999人，23.81%
- 10 000人及以上，9.52%
- 100人以下，14.29%
- 300~999人，14.29%
- 100~299人，38.10%

企业招聘数量占比

- 10 000人及以上，8.57%
- 1 000~9 999人，28.57%
- 100人以下，11.43%
- 300~999人，8.57%
- 100~299人，42.86%

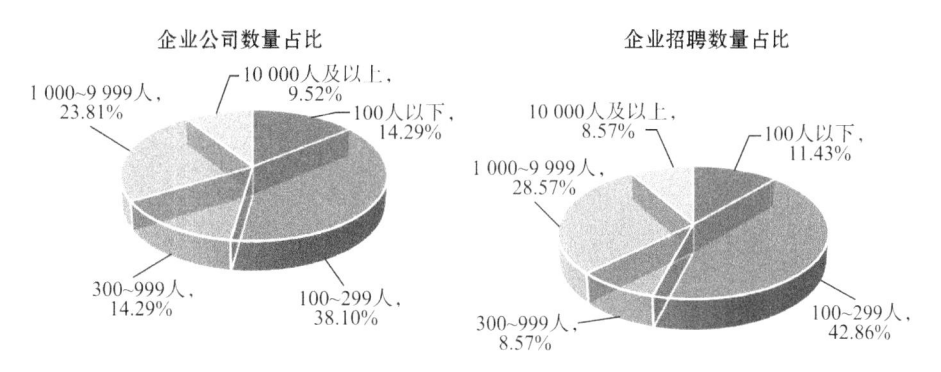

图 2-128　不同规模企业占比及岗位需求示意图

5. 城市分布

经调研,工程资料员岗位在京津冀范围内 3 个省市均有需求,涉及省市数在全部相关岗位中处于上游水平,岗位需求分布广泛。其中,河北省省会石家庄市对工程资料员岗位需求量有 8 个、占比 22.86%。本校所在地邢台市,对工程资料员岗位需求量有 2 个、占比 5.71%。工程资料员岗位在京津冀各省市需求情况如图 2-129 所示。

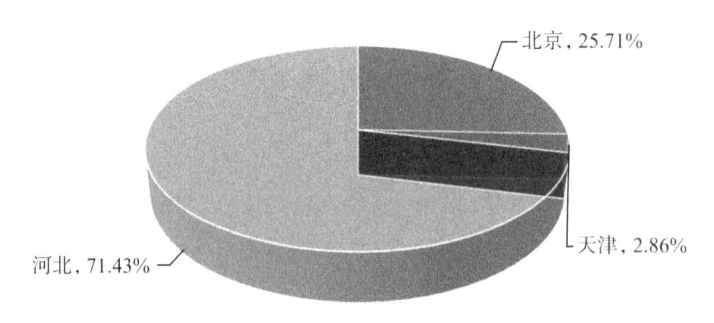

图 2-129 京津冀各省市对工程资料员岗位需求量占比示意图

(十七) 建筑施工现场管理岗

1. 薪资水平

经调研,建筑施工现场管理岗位在京津冀的平均薪资水平为 6 770 元,在全部工程造价(本科专业)相关岗位中处于下游水平,具体如图 2-130 所示。就建筑施工现场管理岗位本身而言,用人单位提供的薪资最高为 20 000 元,最低为 2 000 元,多数薪资范围处于 5 000~6 999 元,薪资水平较为稳定,具体如图 2-131 所示。

2. 岗位需求量

经调研,建筑施工现场管理岗在京津冀的岗位需求总量为 2 281 个,占全部工程造价(本科专业)相关岗位的 7.54%,在所有岗位中占比处于上游水平,具体如图 2-132 所示。

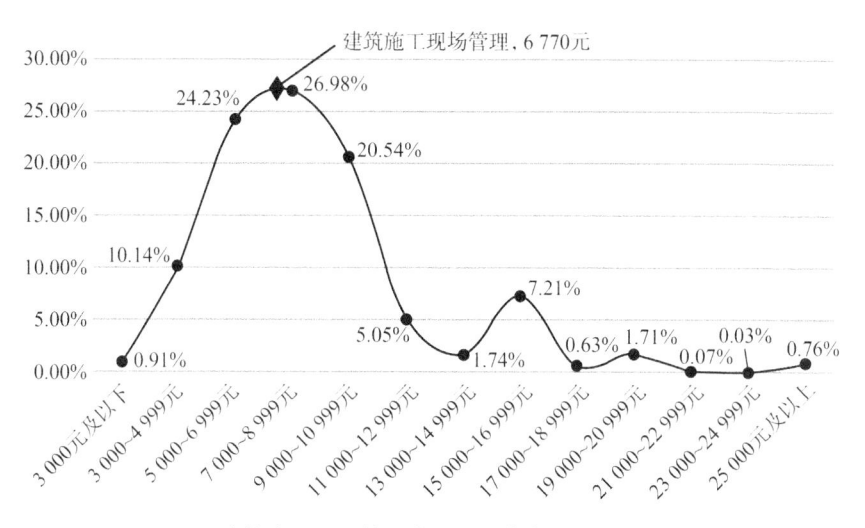

图 2-130　建筑施工现场管理岗位平均薪资水平相对位置示意图

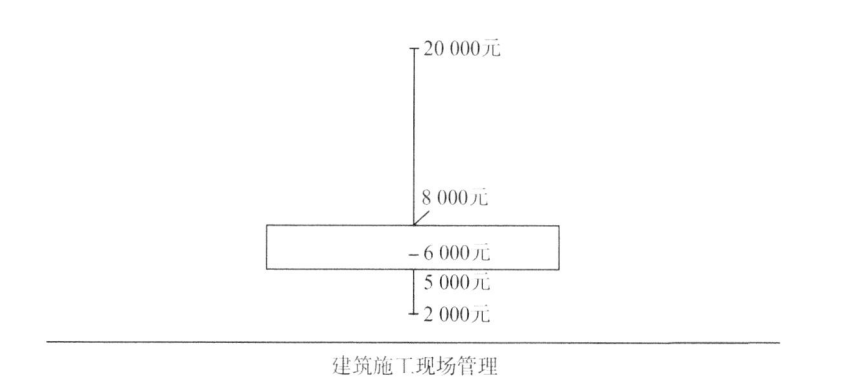

图 2-131　建筑施工现场管理岗位薪资范围示意图

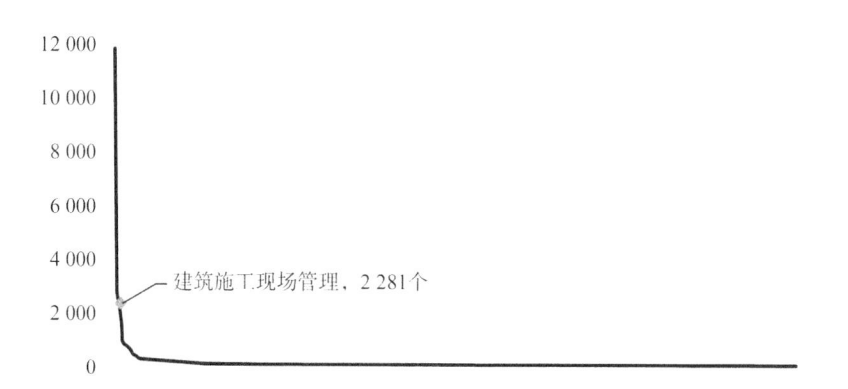

图 2-132　建筑施工现场管理岗位需求数量相对位置示意图

3. 岗位与专业培养相关性

经调研,建筑施工现场管理岗位的工作内容与本专业人才培养内容相关程度达到 87.5%,绝大部分工作所需知识、技能、素养能够在在校期间得到充分培养,从事本岗位与专业培养的相关性极高。具体如图 2-133 所示。

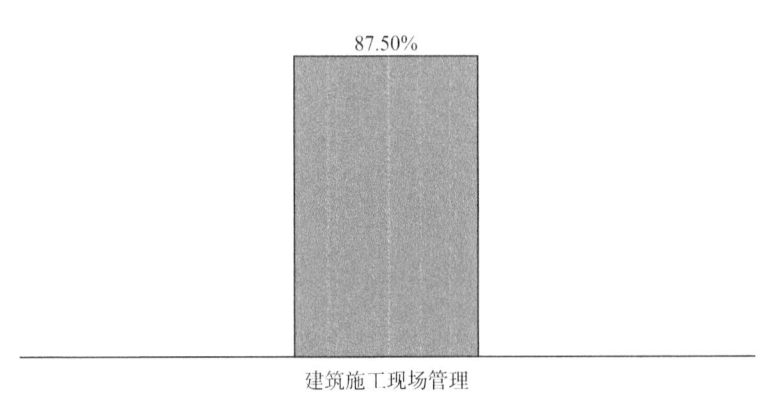

图 2-133 建筑施工现场管理岗位工作内容与本专业培养相关性示意图

4. 雇主质量

经调研,建筑施工现场管理岗位在京津冀内共有 133 家用人单位有明确需求,雇主数量在所有岗位中处于上游水平,岗位需求分布广泛。具体如图 2-134 所示。

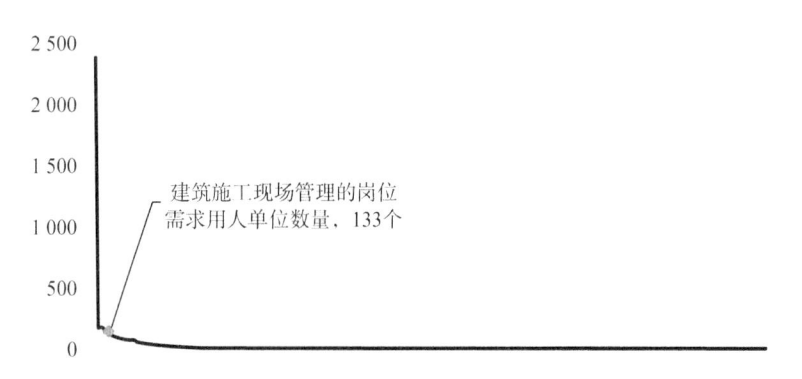

图 2-134 建筑施工现场管理岗位用人单位数量相对位置示意图

在对建筑施工现场管理岗位有需求的各类型用人单位中,国企占比39.85%、民营/私营企业占比35.34%、中外合资/外资企业占比2.26%、政府机构/事业单位占比1.5%。在不同类型用人单位对建筑施工现场管理岗位需求数量方面,国企共提供了1 456个需求,占建筑施工现场管理全部需求的63.83%。民营/私营企业共提供了349个需求,占建筑施工现场管理全部需求的15.30%。政府机构/事业单位共提供了51个需求,占建筑施工现场管理全部需求的2.24%。中外合资/外资企业共提供了5个需求,占建筑施工现场管理全部需求的0.22%。具体如图2-135所示。

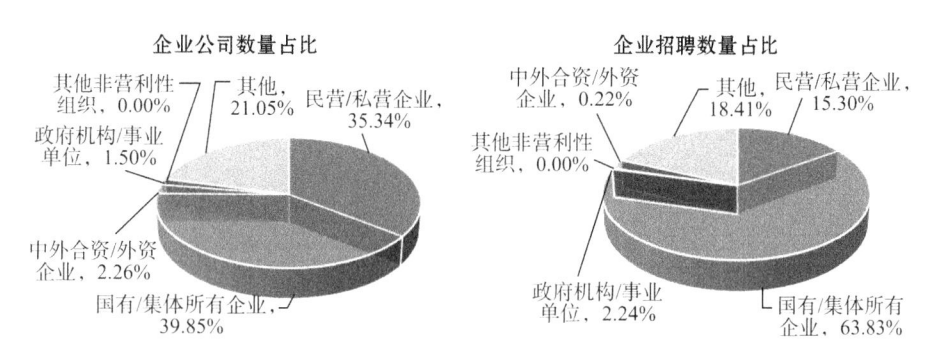

图2-135 不同类型企业占比及岗位需求示意图

在对建筑施工现场管理岗位有需求的各类型用人单位中,1 000~9 999人规模的企业有39.10%、100人以下规模的企业有18.80%、100~299人规模的企业有18.05%、300~999人规模的企业有12.03%、10 000人及以上规模的企业有12.03%。在不同规模用人单位对建筑施工现场管理岗位需求数量方面,1 000~9 999人规模的企业共提供了1 398个需求,占建筑施工现场管理全部需求的61.29%。10 000人及以上规模的企业共提供了462个需求,占建筑施工现场管理全部需求的20.25%。300~999人规模的企业共提供了165个需求,占建筑施工现场管理全部需求的7.23%。100~299人规模的企业共提供了154个需求,占建筑施工现场管理全部需求的6.75%。100人以下规模的企业共提供了102个需求,占建筑施工现场管理全部需求的4.47%。具体如图2-136所示。

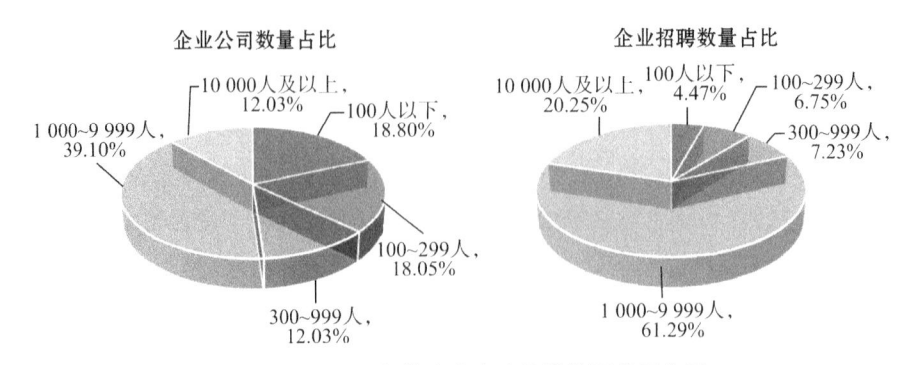

基于社会需求的工程造价职业本科专业人才培养方案研制

图 2-136 不同规模企业占比及岗位需求示意图

5. 城市分布

经调研,建筑施工现场管理岗位在京津冀范围内 3 个省市均有需求,涉及省市数在全部相关岗位中处于上游水平,岗位需求分布广泛。其中,河北省省会石家庄市对建筑施工现场管理岗位需求量有 533 个、占比 23.37%。本校所在地邢台市,对建筑施工现场管理岗位需求量有 21 个、占比 0.92%。建筑施工现场管理岗位在京津冀各省市需求情况如图 2-137 所示。

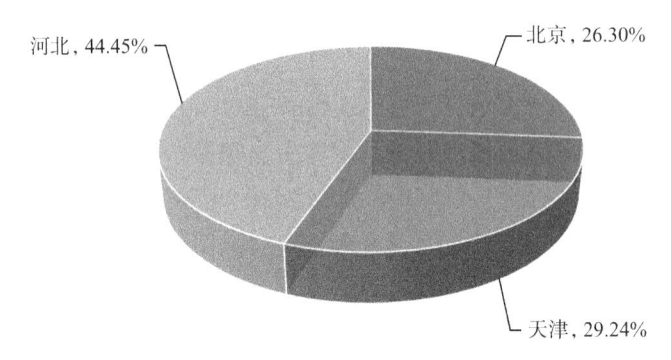

图 2-137 京津冀各省市对建筑施工现场管理岗位需求量占比示意图

(十八) 融资顾问岗

1. 薪资水平

经调研,融资顾问岗位在京津冀的平均薪资水平为 9 250 元,在全部工程造价(本科专业)相关岗位中处于中上游水平,具体如图 2-138 所示。就融资顾问岗位本身而言,用人单位提供的薪资最高为 12 000 元,最低为 6 000 元,多数薪资范围处于 9 000~10 999 元,薪资水平波动较大,具体如图 2-139 所示。

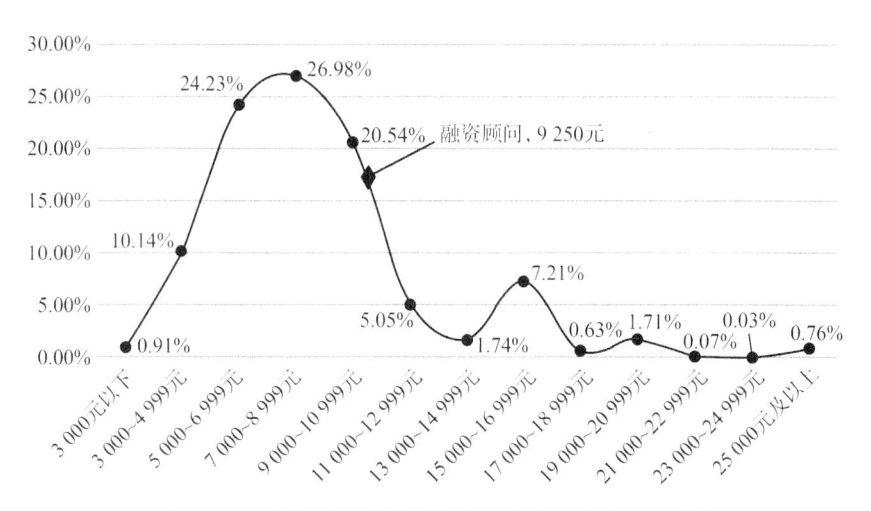

图 2-138 融资顾问岗位平均薪资水平相对位置示意图

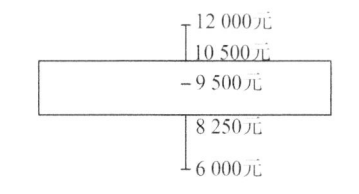

图 2-139 融资顾问岗位薪资范围示意图

2. 岗位需求量

经调研,融资顾问岗在京津冀的岗位需求总量为 5 个,占全部工程造价(本科专业)相关岗位的 0.02%,在所有岗位中占比处于中下游水平,具体如图 2-140 所示。

图 2-140　融资顾问岗位需求数量相对位置示意图

3. 岗位与专业培养相关性

经调研,融资顾问岗位的工作内容与本专业人才培养内容相关程度达到 62.50%,大部分工作所需知识、技能、素养能够在在校期间得到充分培养,从事本岗位与专业培养的相关性较高。具体如图 2-141 所示。

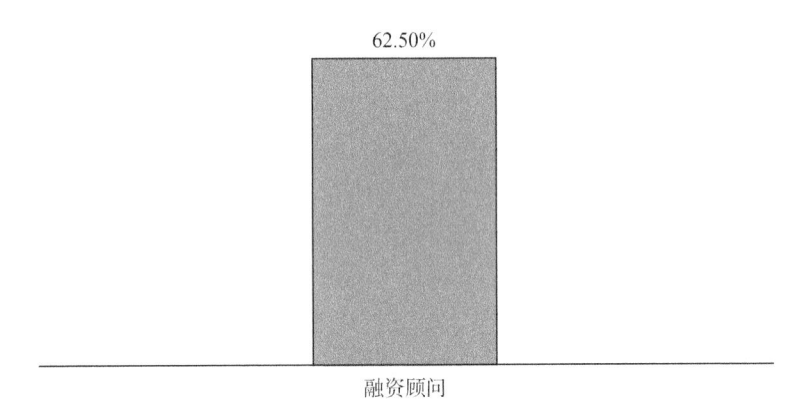

图 2-141　融资顾问岗位工作内容与本专业培养相关性示意图

4. 雇主质量

经调研,融资顾问岗位在京津冀内共有 3 家用人单位有明确需求,雇主数量在所有岗位中处于中上游水平,岗位需求分布广泛。具体如图 2-142 所示。

在对融资顾问岗位有需求的各类型用人单位中,国企占比 66.67%、民营/

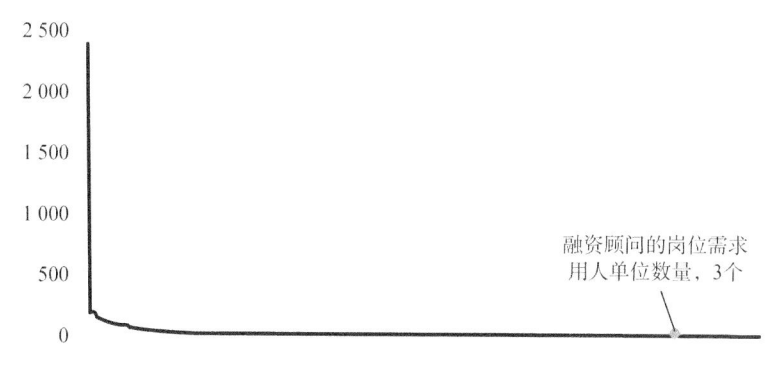

图 2-142 融资顾问岗位用人单位数量相对位置示意图

私营企业占比 33.33%。在不同类型用人单位对融资顾问岗位需求数量方面，国企共提供了 4 个需求，占融资顾问全部需求的 80.0%。民营/私营企业共提供了 1 个需求，占融资顾问全部需求的 20.0%。具体如图 2-143 所示。

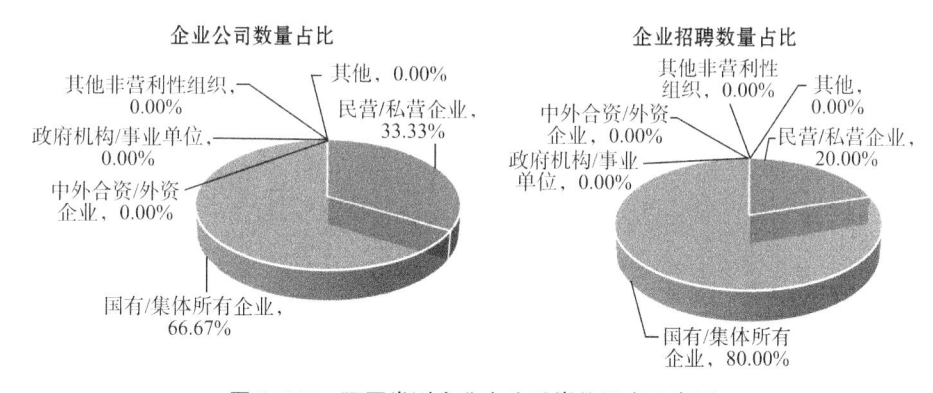

图 2-143 不同类型企业占比及岗位需求示意图

在对融资顾问岗位有需求的各类型用人单位中，100 人以下规模的企业有 33.33%、300～999 人规模的企业有 33.33%、100～299 人规模的企业有 33.33%。在不同规模用人单位对融资顾问岗位需求数量方面，100 人以下规模的企业共提供了 2 个需求，占融资顾问全部需求的 40.00%。100～299 人规模的企业共提供了 2 个需求，占融资顾问全部需求的 40.00%。300～999 人规模的企业共提供了 1 个需求，占融资顾问全部需求的 20.00%。具体如图 2-144 所示。

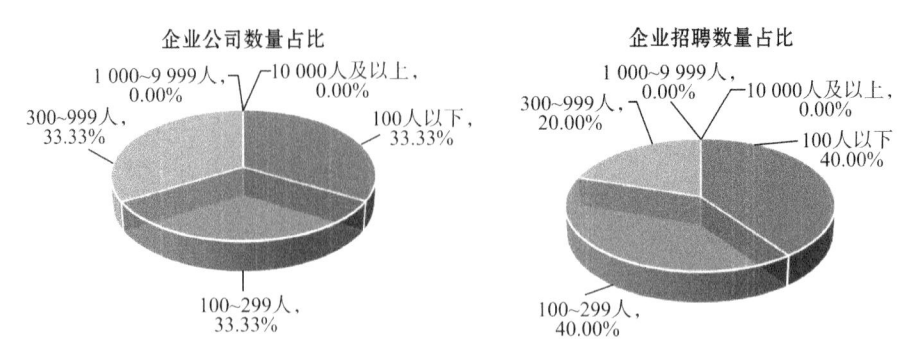

图 2-144　不同规模企业占比及岗位需求示意图

5. 城市分布

经调研,融资顾问岗位在京津冀范围内 2 个省市均有需求,涉及省市数在全部相关岗位中处于中上游水平,岗位需求分布比较广泛。其中,河北省省会石家庄市对融资顾问岗位需求量有 1 个、占比 20.00%。本校所在地邢台市,对融资顾问岗位需求量有 0 个、占比 0.00%。融资顾问岗位在京津冀各省市需求情况如图 2-145 所示。

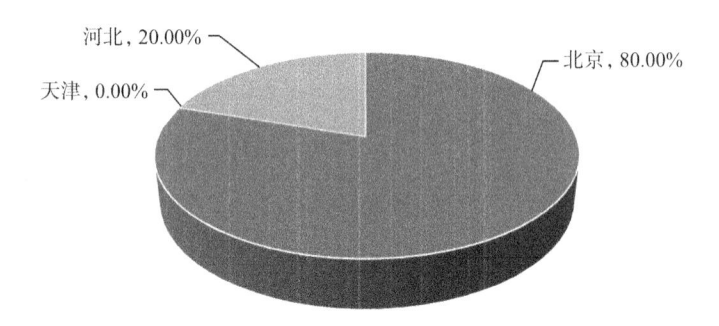

图 2-145　京津冀各省市对融资顾问岗位需求量占比示意图

(十九) 咨询项目管理岗

1. 薪资水平

经调研,咨询项目管理岗位在京津冀的平均薪资水平为 8 051 元,在全部工程造价(本科专业)相关岗位中处于中下游水平,具体如图 2-146 所示。就咨询项目管理岗位本身而言,用人单位提供的薪资最高为 20 000 元,最低为 3 000 元,多数薪资范围处于 7 000~8 999 元,薪资水平较为稳定,具体如图 2-147 所示。

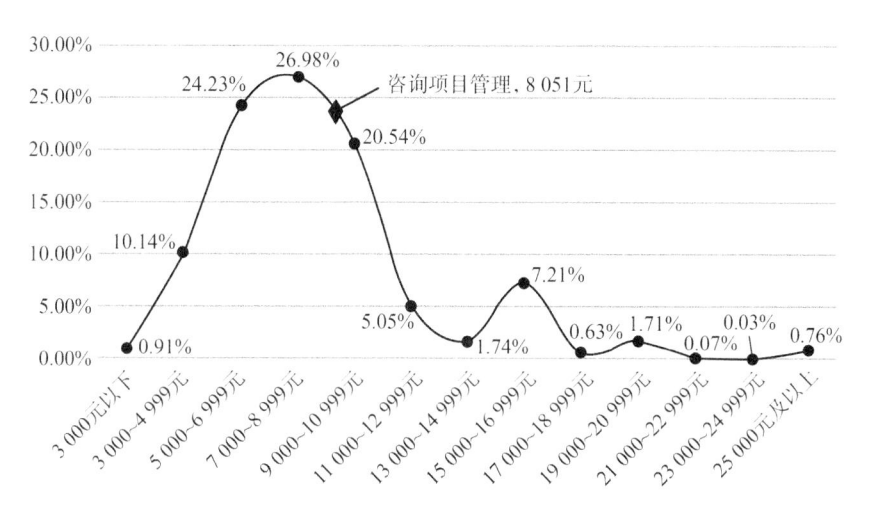

图 2-146 咨询项目管理岗位平均薪资水平相对位置示意图

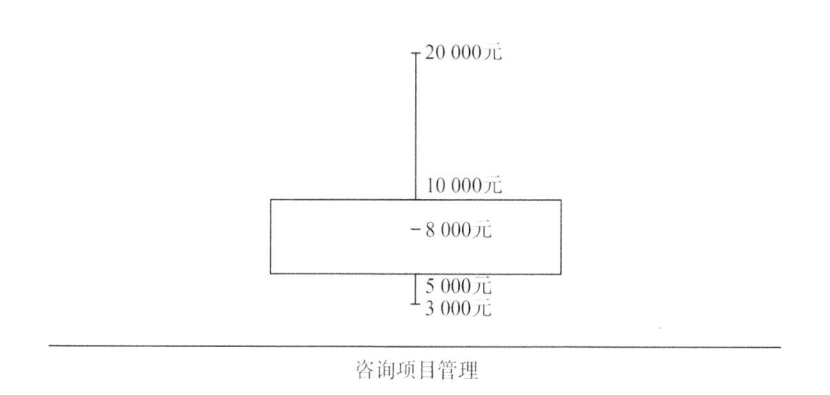

图 2-147 咨询项目管理岗位薪资范围示意图

2. 岗位需求量

经调研,咨询项目管理岗在京津冀的岗位需求总量为 144 个,占全部工程造价(本科专业)相关岗位的 0.48%,在所有岗位中占比处于上游水平,具体如图 2-148 所示。

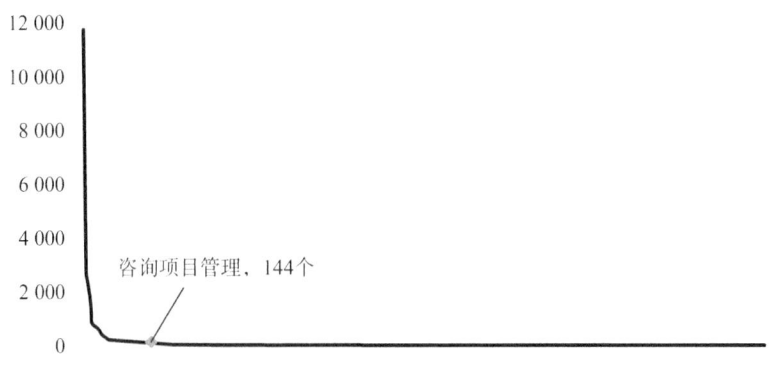

图 2-148 咨询项目管理岗位需求数量相对位置示意图

3. 岗位与专业培养相关性

经调研,咨询项目管理岗位的工作内容与本专业人才培养内容相关程度达到 77.08%,绝大部分工作所需知识、技能、素养能够在在校期间得到充分培养,从事本岗位与专业培养的相关性极高。具体如图 2-149 所示。

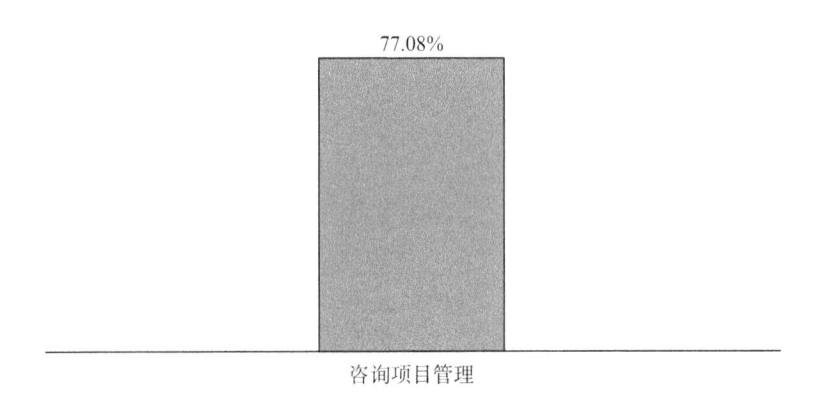

图 2-149 咨询项目管理岗位工作内容与本专业培养相关性示意图

4. 雇主质量

经调研,咨询项目管理岗位在京津冀内共有 62 家用人单位有明确需求,雇主数量在所有岗位中处于上游水平,岗位需求分布广泛。具体如图 2-150 所示。

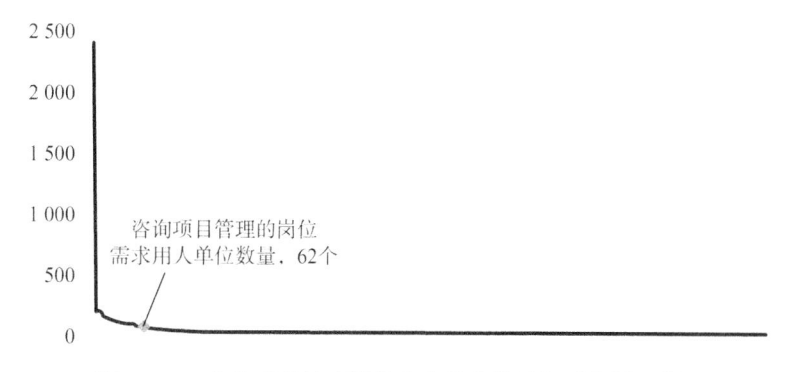

图 2-150 咨询项目管理岗位用人单位数量相对位置示意图

在对咨询项目管理岗位有需求的各类型用人单位中，民营/私营企业占比 63.49%、国企占比 14.29%、政府机构/事业单位占比 1.59%。在不同类型用人单位对咨询项目管理岗位需求数量方面，民营/私营企业共提供了 82 个需求，占咨询项目管理全部需求的 56.94%。国企共提供了 12 个需求，占咨询项目管理全部需求的 8.33%。政府机构/事业单位共提供了 4 个需求，占咨询项目管理全部需求的 2.78%。具体如图 2-151 所示。

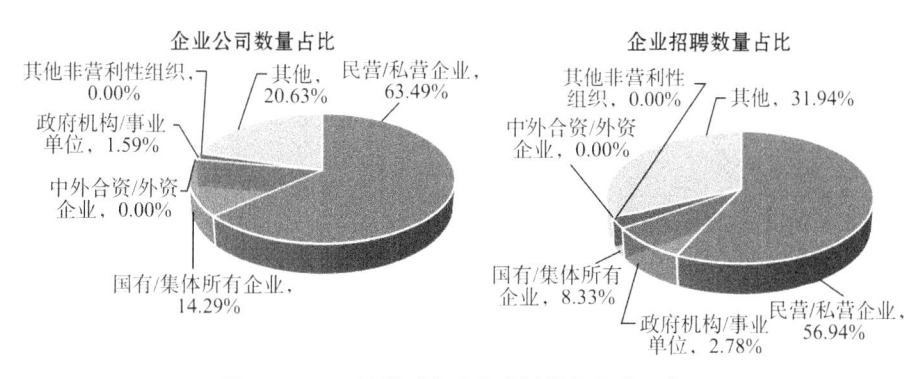

图 2-151 不同类型企业占比及岗位需求示意图

在对咨询项目管理岗位有需求的各类型用人单位中，100 人以下规模的企业有 46.77%、100~299 人规模的企业有 20.97%、1 000~9 999 人规模的企业有 16.13%、300~999 人规模的企业有 14.52%、10 000 人及以上规模的企业有 1.61%。在不同规模用人单位对咨询项目管理岗位需求数量方面，100 人以下规模的企业共提供了 73 个需求，占咨询项目管理全部需求的 50.69%。1 000~9 999 人规模的企业共提供了 28 个需求，占咨询项目管理全部需求的

19.44%。100~299人规模的企业共提供了27个需求，占咨询项目管理全部需求的18.75%。300~999人规模的企业共提供了15个需求，占咨询项目管理全部需求的10.42%。10 000人及以上规模的企业共提供了1个需求，占咨询项目管理全部需求的0.69%。具体如图2-152所示。

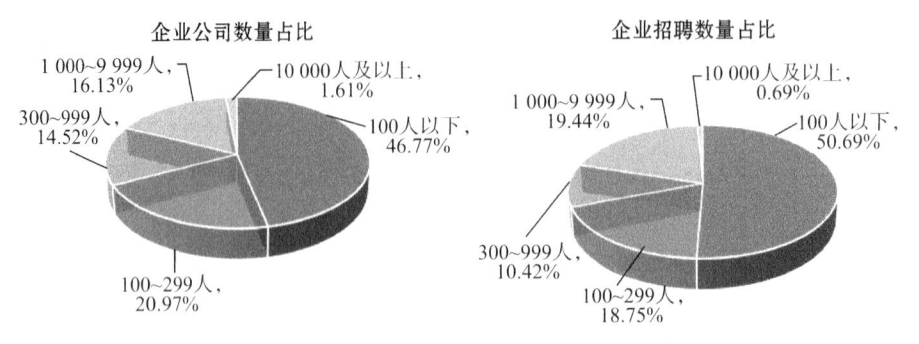

图2-152 不同规模企业占比及岗位需求示意图

5. 城市分布

经调研，咨询项目管理岗位在京津冀范围内3个省市均有需求，涉及省市数在全部相关岗位中处于上游水平，岗位需求分布广泛。其中，河北省省会石家庄市对咨询项目管理岗位需求量有22个、占比15.28%。本校所在地邢台市，对咨询项目管理岗位需求量有0个、占比0.0%。咨询项目管理岗位在京津冀各省市需求情况如图2-153所示。

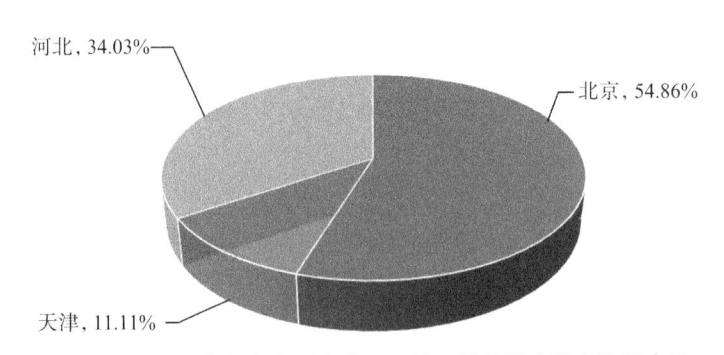

图2-153 京津冀各省市对咨询项目管理岗位需求量占比示意图

四、调研结论

经对装修工程师、工程资料员、计量工程师、融资顾问、安装工程师、咨询项目管理、成本经理/成本主管、公路/桥梁/港口/隧道工程、暖通工程师、预结算员等 19 个岗位在薪资水平、岗位需求量、与专业培养相关性、雇主质量、岗位分布等维度的综合对比,定位出成本管理员、计量工程师、合同管理、项目招投标、成本经理/成本主管、报价工程师、工程造价师/预结算经理、预结算员、装修工程师、给排水/暖通工程、土木/土建工程师、安装工程师、园艺/园林/景观设计、暖通工程师、公路/桥梁/港口/隧道工程、工程资料员、建筑施工现场管理、融资顾问、咨询项目管理等核心岗位。经专业内部充分讨论与研判,拟将这些岗位作为本次人才培养方案修订的核心培养面向参考。拟面向的核心岗位以就业区域、专业相关性为核心策略,适当兼顾需求数量,并确保面向岗位无明显短板,以此保证专业人才培养面向的综合竞争力,适应学生更高质量、更充分就业的需要。

拟面向的核心岗位在各维度上的指标表现如图 2-154 所示,具体数据如表 2-1 所示。其中,成本管理员、计量工程师岗位在就业区域上表现出较明显优势,工程造价师/预结算经理、成本管理员岗位在专业相关性上表现出较明显优势,工程造价师/预结算经理、土木/土建工程师岗位在需求数量上表现出较明显优势。同时,核心岗位在每项指标上均未明显低于平均水平。经综合对比,符合专业确定培养面向的核心策略依据。

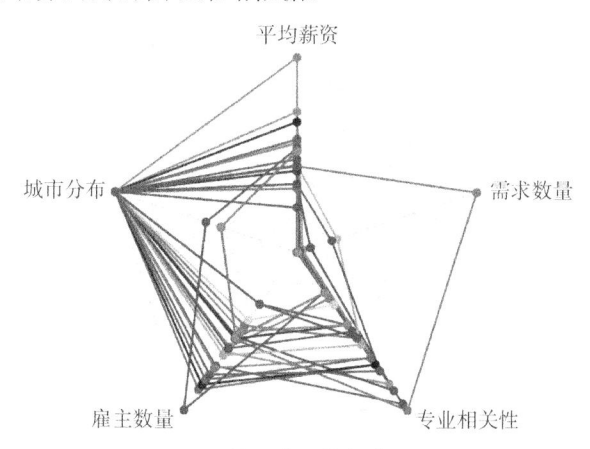

图 2-154 核心岗位指标表现示意图

表 2-1　核心岗位在各维度上的指标值

岗位	平均薪资（元）	需求数量	雇主数量	城市分布	专业相关性
成本管理员	9 885.11	204.00	117.00	0.19	0.98
装修工程师	11 080.00	40.00	20.00	0.50	0.85
建筑施工现场管理	6 770.08	2 281.00	133.00	0.44	0.88
成本经理/成本主管	11 782.10	381.00	197.00	0.34	0.92
报价工程师	8 032.26	88.00	26.00	0.27	0.85
安装工程师	9 846.15	95.00	21.00	0.23	0.83
合同管理	9 615.38	68.00	23.00	0.37	0.83
土木/土建工程师	8 078.53	2 653.00	197.00	0.26	0.79
公路/桥梁/港口/隧道工程	15 583.25	30.00	4.00	0.33	0.73
给排水/暖通工程	7 681.82	78.00	11.00	0.36	0.73
工程资料员	5 130.48	35.00	21.00	0.71	0.75
项目招投标	6 450.90	233.00	95.00	0.21	0.77
咨询项目管理	8 050.65	144.00	62.00	0.34	0.77
暖通工程师	8 485.71	187.00	52.00	0.19	0.73
融资顾问	9 250.00	5.00	3.00	0.20	0.63
园艺/园林/景观设计	8 047.62	88.00	15.00	0.35	0.67
平均	9 052.00	81.00	17.00	0.22	0.63

五、结果应用

以成本管理员、计量工程师、合同管理、项目招投标、成本经理/成本主管、报价工程师、工程造价师/预结算经理、预结算员、装修工程师、给排水/暖通工程、土木/土建工程师、安装工程师、园艺/园林/景观设计、暖通工程师、公路/桥梁/港口/隧道工程、工程资料员、建筑施工现场管理、融资顾问、咨询项目管理等核心岗位作为核心参考,专业进一步对从事这些岗位的核心工作能力进行了充分调研和总结,获得以下核心能力,拟作为培养规格的核心参考内容。这些岗位对应的核心工作能力内容如表 2-2 所示。

表 2-2　拟面向的核心岗位所需工作能力

类型	具体内容
知识	(1) 掌握清单规范、预算定额、施工图集、造价条文、造价信息、材料设备市场价格等相关造价文件和法律法规。 (2) 了解相关规定和政策,了解水利行业,了解国家金融政策、税务政策、企业财务制度及流程,了解合同条款和付款方式,了解水冷中央空调系统。 (3) 掌握工程造价、工程管理、建筑法律法规及相关建筑专业知识,熟悉定额及其配套文件,熟悉石油、石化类概预算工作流程,熟悉合同法、招投标法、经济法,熟悉招标、投标文件的编制,精通房地产成本控制环节及监控点,熟悉消防、楼宇智能化行业运作及合同体系。 (4) 熟悉常见植物品种、习性和种植方式。 (5) 熟悉国家定额、工程造价市场情况、材料设备的市场价格以及现行工程造价规范及操作规程。 (6) 具备项目概算、执行概算、预结算等编制、审核能力。 (7) 了解项目投融资流程和结构搭建。 (8) 具有项目合约商务管理的专业知识和技能。 (9) 精通 BOT、EMC 以及 EPC 等项目投资测算、经济分析、成本控制、预决算。 (10) 良好的现场组织、调度能力及其他相关管理能力。 (11) 熟悉结构施工图纸、装饰装修施工图纸以及施工工艺。 (12) 熟悉国家、地区、房地产行业关于建筑类的法律法规。
能力	(1) 掌握成本控制流程,熟悉机电安装设计/施工相关知识,较强的识图能力,精通房地产开发项目的成本管理、工程造价管理,熟悉建设项目中装修设计、施工规范要求,掌握各种办公软件,具有较为优秀的审美能力。 (2) 具备独立完成相关咨询报告编制及项目投资估算和技术经济分析的能力。 (3) 熟悉图纸、参加图纸会审。 (4) 熟练计算工程图纸中的土建及安装工程量。 (5) 熟悉国家有关质量技术标准、规范、规程。 (6) 了解公司在建项目的施工进度情况。 (7) 熟练操作 Word、Excel 等。 (8) 良好的技术英语水平和计算机操作能力。 (9) 具备与国外客户的英语沟通、交流能力。 (10) 具有在造价咨询公司从事相关工作的经验。 (11) 熟练使用 Office 办公软件、AutoCAD、广联达算量及计价软件。 (12) 掌握施工现场进展情况。

续表

类型	具体内容
素养	(1) 较强的执行力,良好的文字表达能力,具备工程计量能力,较强的中文写作能力,善于学习、内驱力强,较强的项目管理能力,具有工作责任心。 (2) 具有先进独特的规划和策划理念、敏锐的战略眼光和创新的思维能力。 (3) 具有一定的领导能力、判断与决策能力、人际能力、沟通能力、协调能力、影响力、计划与执行能力、业务谈判能力。 (4) 较强的学习能力和沟通协调能力及团队协作意识、有责任心,良好的团队合作精神和职业操守,良好的敬业精神和职业道德操守,较强的分析能力、逻辑思维能力、组织协调能力、沟通能力和社会活动能力,良好的职业素养和团队合作意识,具备一定的书写和阅读能力,具有高度的责任感和工作热情。 (5) 熟悉政府投资和企业投资项目前期操作流程、政策法规等专业知识。

模块三

专业设置论证

为深入贯彻落实《国家职业教育改革实施方案》精神,全面适应国家、区域经济社会发展和建筑产业转型升级对工程造价高素质创新型技术技能人才的需求,根据学校发展规划,结合专业建设和发展的实际,在深入区域面向工程造价咨询行业调研基础上,依托现有工程造价专科专业,申请设置本科工程造价专业,论证结果和基本情况综合报告如下。

一、设置工程造价专业的必要性

拟设置的职业本科工程造价专业面向的核心岗位是工程造价师,面向社会接受委托、承担建设项目的全过程、动态的造价管理,包括可行性研究、投资估算、项目经济评价、工程概算、预算、工程结算、工程竣工结算、工程招标标底、投标报价的编制和审核、对工程造价进行监控以及提供有关工程造价信息资料等业务。工作内容有:建设项目可行性研究经济评价、投资估算、项目后评价报告的编制和审核;建设工程概算、预算、结算及竣工结(决)算报告的编制和审核;建设工程实施阶段工程招标标底、投标报价的编制和审核;工程量清单的编制和审核;施工合同价款的变更及索赔费用的计算;提供工程造价经济纠纷的鉴定服务;提供建设工程项目全过程的造价监控与服务;提供工程造价信息服务等。

(一)工程造价咨询行业发展迅速

工程造价专业服务于工程造价咨询行业,隶属于建筑产业范畴。本专业对应河北省绿色建造产业中的工程造价咨询行业。

1. 我国工程造价咨询行业蓬勃发展

根据2016—2023年住房和城乡建设部发布《工程造价咨询统计公报》的数据,截至2023年底,全国参加统计的工程造价咨询企业从2016年的7 505家上升为15 284家,8年间平均增长9.29%,图3-1为2016—2023年全国参加统计的工程造价咨询企业数量统计;工程造价咨询企业从业人员从462 216人增长到1 207 491人,8年间平均增长12.75%,图3-2为2016—2023年全国工程造价咨询企业从业人员数量统计;参加统计的企业实现营业利润从

182.29 亿元增长到 2 266.68 亿元,8 年间平均增长 37.03%,图 3-3 为 2016—2023 年全国工程造价咨询企业营业利润统计。从公布的数据看,工程造价咨询企业、从业人员、企业的营业利润均表现出较高的数值,并且正处于快速增长的阶段。

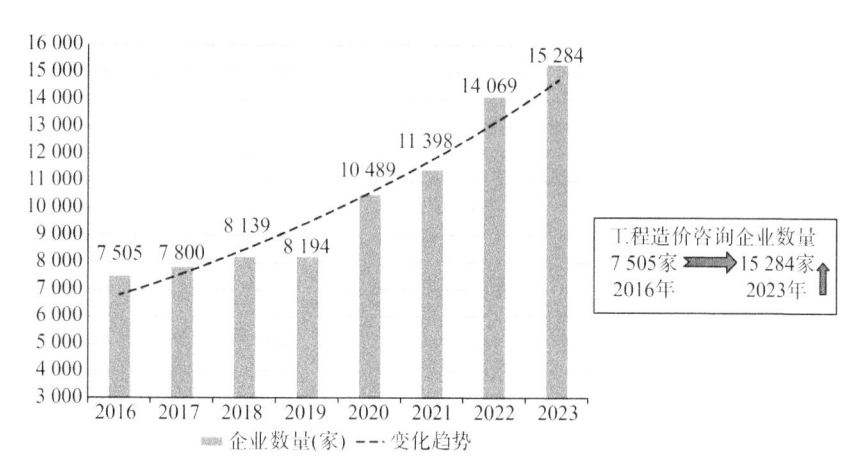

图 3-1　2016—2023 年全国参加统计的工程造价咨询企业数量统计

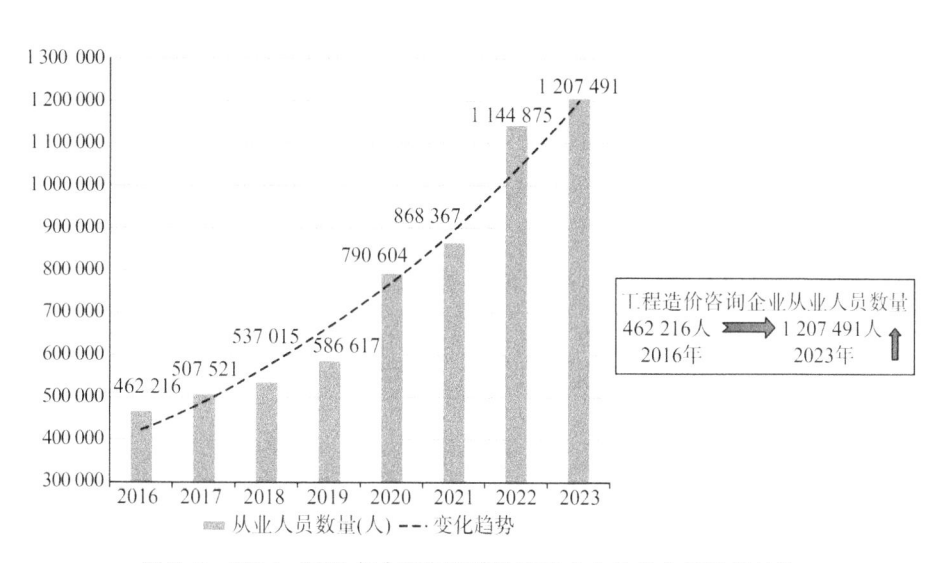

图 3-2　2016—2023 年全国工程造价咨询企业从业人员数量统计

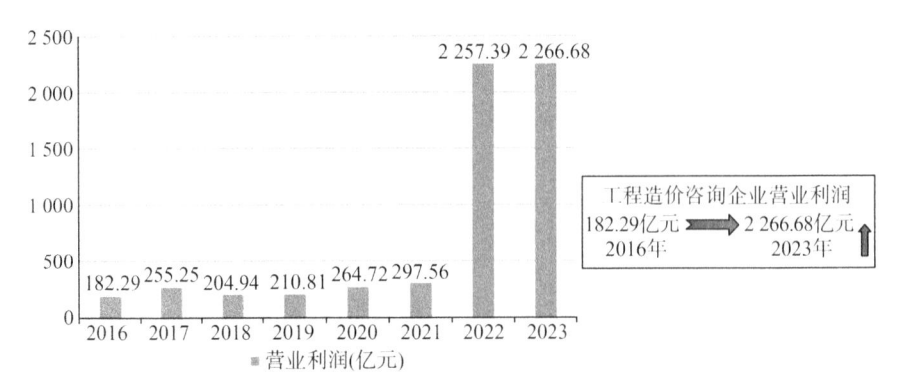

图 3-3　2016—2023 年全国工程造价咨询企业营业利润统计

2. 工程造价咨询行业是河北省绿色建造产业发展中不可或缺的一环

河北省建筑业是国民经济的重要支柱产业,近年来,我省把发展绿色建筑作为转型升级的有力抓手,致力于将传统建筑业转型为绿色建造产业。2023年,全省城镇竣工建筑中绿色建筑占比 99.88%,星级绿色建筑占比 43.51%,处于全国第一梯队;当年新开工被动式超低能耗建筑 201.2 万平方米,提前完成 195 万平方米的年度任务,目前已累计建设 1 000 万平方米,保持全国领先。

隶属于河北省绿色建造产业的工程造价咨询行业同步发展壮大。根据《2023 年工程造价咨询统计公报》,截至 2023 年底,河北省参加统计的工程造价咨询企业有 563 家,比 2016 年的 348 家增长了 61.8%。2023 年底,河北省拥有的工程造价咨询企业数量居全国第 9 位,工程造价咨询业务收入合计 21.6 亿元,工程造价咨询企业从业人员共计 31 356 人。图 3-4 为 2023 年全国各省市(不含港澳台地区)工程造价咨询企业数量统计。

(二)工程造价咨询行业亟须"三升级"式高层次技术技能人才

工程造价咨询贯穿着整个建设阶段,行业产业链上游主要是电子信息产业和计算机、网络行业以及计价和算量产品;行业中游是工程造价咨询、工程咨询、工程监理、招标代理等;行业下游主要为房屋建筑、市政建设、公路建设、铁

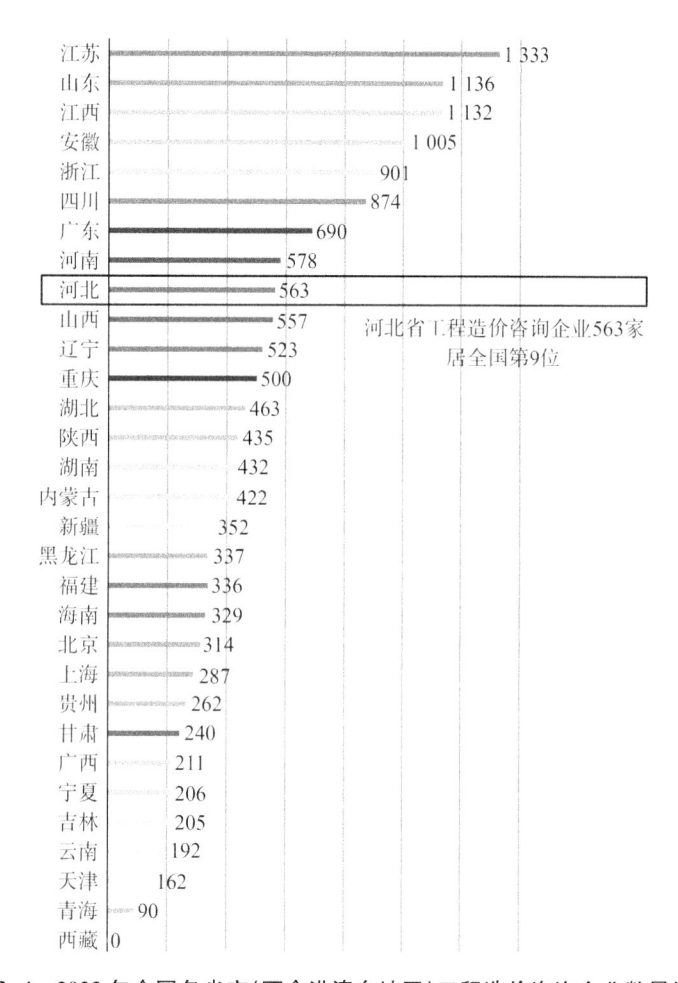

图 3-4 2023 年全国各省市(不含港澳台地区)工程造价咨询企业数量统计

江苏	1 333
山东	1 136
江西	1 132
安徽	1 005
浙江	901
四川	874
广东	690
河南	578
河北	563 （河北省工程造价咨询企业563家居全国第9位）
山西	557
辽宁	523
重庆	500
湖北	463
陕西	435
湖南	432
内蒙古	422
新疆	352
黑龙江	337
福建	336
海南	329
北京	314
上海	287
贵州	262
甘肃	240
广西	211
宁夏	206
吉林	205
云南	192
天津	162
青海	90
西藏	0

路建设、城市建设等，图 3-5 为工程造价咨询行业产业链。拟设专业主要面向产业链中游的工程造价咨询服务。

1. 亟须"数智＋造价"全过程造价咨询高层次技术技能人才

工程造价咨询行业的上游产业链涵盖电子信息、计算机及网络行业，这些领域数字技术的快速发展，推动了中游工程造价咨询技术工具向数智化方向的升级转型。工程造价咨询服务已不再局限于传统的单一阶段预决算范畴，全过程造价咨询新业务模式不断涌现，造价咨询行业技术工具必须能支撑起全过程

```
┌──────────────┬──────────────┬──────────────┬──────────────┐
│ 电子信息产业 │   计算机     │   网络行业   │ 计价和算量产品│
├──────────────┴──────────────┴──────────────┴──────────────┤
│                          上  游                            │
└────────────────────────────┬──────────────────────────────┘
                             ▼
┌──────────────┬──────────────┬──────────────┬──────────────┐
│ 工程造价咨询 │   工程咨询   │   工程监理   │   招标代理   │
├──────────────┴──────────────┴──────────────┴──────────────┤
│                          中  游                            │
└────────────────────────────┬──────────────────────────────┘
                             ▼
┌──────────────┬──────────────┬──────────────┬──────────────┐
│   房屋建筑   │   市政建设   │   公路建设   │   城市建设   │
├──────────────┴──────────────┴──────────────┴──────────────┤
│                          下  游                            │
└───────────────────────────────────────────────────────────┘
```

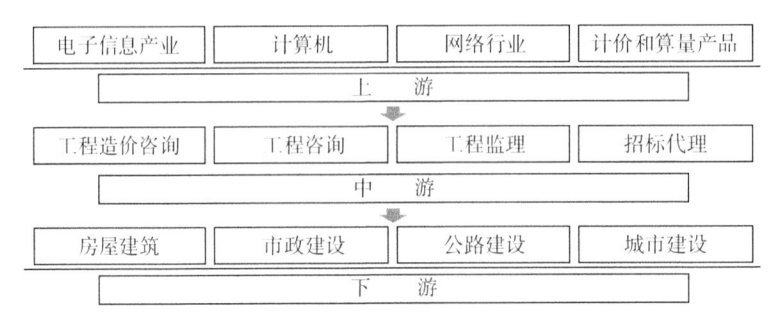

图 3-5　工程造价咨询行业产业链

造价咨询工作的有效实施。党的二十届三中全会强调，推动新质生产力的发展，进而为高质量发展注入新的动能，支持建筑企业用数智技术、绿色技术改造提升传统产业。随着新质生产力推动产业升级，工程造价师要借助 AI、BIM、大数据、云计算、人工智能等先进数智化技术，为客户提供智能化全过程造价咨询服务。

2. 亟须能够应对大型复杂工程造价咨询工作的高层次技术技能人才

随着人们生活品质的日益提升及对生活质量要求的不断攀高，大型工程项目的数量与日俱增，且分布范围愈发广泛。这一趋势要求工程造价师具备应对各类大型复杂项目造价咨询工作的专业能力，以满足日益增长的市场需求。

3. 亟须能胜任多专业综合造价咨询工作的高层次技术技能人才

工程造价咨询行业产业链下游涵盖了房屋建筑、市政建设、公路建设、铁路建设、城市建设等多领域。由于下游领域的多样性，行业更需要能够完成房屋建筑、市政工程、公路工程、铁路工程、城市建设等多专业综合造价咨询工作的高层次技术技能人才。

由上可知，面对传统产业升级，工程造价咨询行业亟须"三升级"式的高层次技术技能人才，即技术工具＋专业内容升级、工程规模升级、专业类型升级，图 3-6 为"三升级"式工程造价咨询高层次技术技能人才模式。

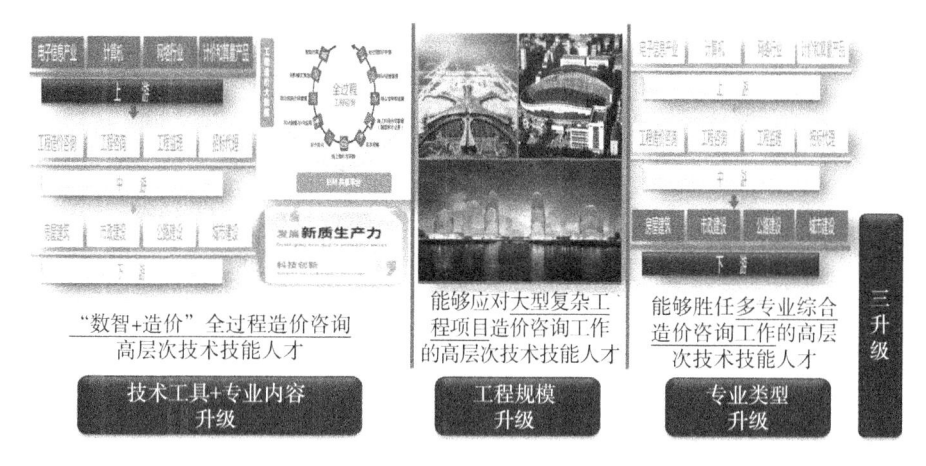

图 3-6 "三升级"式工程造价咨询高层次技术技能人才模式示意图

（三）河北省造价咨询行业转型提质与专业人才需求

1. 河北省造价咨询企业亟须高层次技术技能人才助其转型提质

在对中基华工程管理集团有限公司、邢台市交通建设集团有限公司等龙头企业的调研中，发现河北省造价咨询行业普遍存在如下问题：①尽管河北省在造价咨询企业数量上占优势，但这些企业主要以中小型规模为主，缺乏大型工程造价咨询公司。其服务范围大多局限于本地区，承接跨市乃至跨省业务的相对较少。②造价咨询企业业务过于低端单一，大部分咨询业务是算量套价，智力服务变成体力劳动，缺少全过程造价咨询人才。③造价咨询企业缺少企业级的管理平台和数据库，没有数据指标积累，缺少具备数字化能力的人才。

表 3-1 为调研的部分企业对工程造价本科学生的需求情况。

表 3-1 企业（部分）对工程造价本科学生的需求情况表

序号	企业名称	招聘岗位	岗位要求
1	中基华工程管理集团有限公司	成本经理	1. 编制目标成本、拿地测算、启动会、成本策划等；2. 负责项目月度动态成本报表的编制和梳理；3. 根据招标计划，做好清单编制、商务分析工作；4. 根据现场施工进度，做好预结算工作；5. 负责项目签证审核、产值审核、扣款分摊等工作；6. 负责对工程部、设计部、监理、施工单位等进行设计变更、现场签证、预结算交底培训；7. 做好对咨询公司的培训工作，并根据考核规则对咨询公司进行考核；8. 项目竣工交付后，配合财务部完成项目成本清算。

续表

序号	企业名称	招聘岗位	岗位要求
2	邢台市交通建设集团有限公司	工程审计经理	1. 参与开展集团公司工程建设项目结算审计,重点主导设备安装类(光伏、电气等)工程结算审计业务开展;2. 与造价控制业务部门对接,负责收集、整理、审核集团范围内结算报审资料;3. 对接外审咨询单位、施工单位、项目工程部,联络协调结算审计现场勘察事宜;4. 定期跟进各家咨询单位具体结算审计业务开展进度,督促咨询单位按时间节点出具审计成果;5. 负责评审结算审核初稿,联络协调施工单位、外审咨询单位结算对账事宜,并参与对账、谈判;6. 负责结算审计后期报告出具、资料归档、咨询单位服务费用支付手续办理等部门内业工作。
3	中国土木工程集团有限公司	造价师	1. 协助做好工程项目的立项申报、开工前的报批、审核及竣工后验收工作;2. 熟悉当地材料市场行情,关注材料价格变化,负责对设计估算、施工图纸预算、工程量计算进行审核;3. 全程参与工程报价工作并随时调整预算;4. 全面掌握施工合同条款,并深入现场了解施工情况;5. 负责工程竣工验收后的工程决算工作,制定决算表;6. 负责工程材料分析,复核材料价差,审计和掌握技术变更及材料代换记录;7. 完成工程造价的经济分析,进行日常成本的测算,上报财务并提供设计变更成本建议。
4	河北家乐园房地产开发有限公司	预算工程师	成本管理 1. 负责项目现场签证的工程量审核及施工落实;2. 审核工程承包商提供的月度现场签证并汇总;3. 审核工程承包商付款申请;4. 负责建安动态成本数据的及时录入,动态成本的汇总分析,并提出优化建议。 成本测算 1. 收集、整理区域公司的成本、价格信息,建立并完善成本数据库;2. 参与各阶段进行成本估算并配合完成经济效益测算;3. 负责编制建设成本估算报告,并通过充分沟通,协助其对建设成本估算书进行审核;4. 分阶段组织深化项目成本测算方案并最终形成目标成本指导文件,包括定位策划阶段的成本测算、方案至施工图期间各设计阶段的测算等,组织项目多设计方案的经济测算比较,负责在设计阶段按照成本管理要求提出限额设计成本和控制建议;5. 施工图完成后,组织编制项目目标成本,报成本招标采购部审批。
5	今麦郎食品股份有限公司	安装造价工程师	1. 负责安装材料市场的调研,做好工程的限价工作;2. 核实工程安装工程量和签证、设计变更工作;3. 建立安装专业(给排水、电气、暖通专业及空调专业)等方面成本和设备材料库;4. 安装工程部分进度款的审核及工程结算工作。
6	河北凰家房地产开发有限公司	安装预算主管	1. 负责公司成本控制等经营管理性工作,如项目清单编制、预算结算编制、公司各项目过程成本控制等;2. 协助公司各项目的各个过程中其他部门的工作。
7	中石化工建设有限公司第六分公司	实习造价员	1. 工程造价、机电一体化、工程管理等建筑相关专业本科或专科;2. 能吃苦、学习能力强的应届毕业生或实习生;3. 具有较强的团队合作意识;4. 有意愿长期从事工程造价方面工作的。

续表

序号	企业名称	招聘岗位	岗位要求
8	河北润田环境科技有限公司	造价工程师	1. 负责梳理项目产值及成本,输出内部结算报告;2. 负责收集整理补充结算资料,编制并提交完整的结算资料;3. 负责本职责范围内的信息沟通和持续改进,完成上级交办的其他事务。

由此,河北省亟须工程造价咨询领域高层次技术技能人才帮助企业实现升级转型和提质增效。

2. 河北省城市更新、历史文化保护传承提出新要求

2023年9月,河北省政府办公厅颁发了《关于实施城市更新行动的指导意见》,明确了城市更新总体要求、任务分配、实施举措等;2024年6月,石家庄被选为15个首批中央财政支持实施城市更新行动的城市之一。2022年1月,河北省委办公厅、省政府办公厅印发《关于在城乡建设中加强历史文化保护传承的实施意见》,明确以石家庄、邢台、邯郸和定州、辛集为重点,打造以传统文化、红色文化为代表的冀中南太行山历史文化片区。

河北省城乡建设重点推行的城市更新、历史文化保护传承等行动对工程造价咨询提出了新要求,需要有造价咨询高层次技术技能人才开展此类工作。

3. 河北科工大构建绿色建造专业群,亟待填补管理类专业的空缺

河北科工大于2024年6月着手构建以绿色建造技术和智慧工程管理为特色的共享型绿色建造专业群。专业群围绕绿色建造、智能建造、绿色建材、新型建材等土木建筑高端产业领域,推动土木建筑业工业化、数字化、智能化、绿色化转型升级,为行业高质量发展提供人才支持和技能保障。

专业群已拥有本科建筑工程与智能建造工程两个技术类专业,亟待填补管理类专业的空缺,凭借专业优势,工程造价本科专业成为弥补这一空白的最佳选择。

(四)开设河北省首个职业本科工程造价专业迫在眉睫

1. 职业本科、普通本科、高职专科工程造价专业培养方向的差异

国家职业本科、普通本科、高职专科专业目录里均有"工程造价"专业。尽管

名称一致，但由于培养类型、培养层次的差异，三者人才培养的方向是不同的。

普通本科工程造价专业的培养重点是造价咨询业务前端的造价咨询方案设计及确定，人才培养面向大型复杂项目造价咨询方案的设计和造价咨询方案选择；高职专科工程造价专业的培养重点是造价咨询业务后端的方案实施阶段，人才培养面向中小型项目的造价咨询方案实施落地，由于高职专科学时限制，重点面向单一的招投标和施工阶段；职业本科工程造价专业的培养重点是后端的方案实施，人才培养面向大型复杂项目从设计到竣工验收的全过程造价咨询方案实施落地。

图3-7为职业本科、普通本科、高职专科工程造价专业培养方向的差异，坐标图的纵坐标轴表示中小型项目、大型复杂项目，横坐标轴表示工程造价咨询业务阶段，即前端造价咨询方案设计及确定，后端方案落地实施，在方案实施阶段又按决策、设计、招投标、施工、竣工等工程项目全生命周期划分。图3-7中阴影分别表示了职业本科、普通本科、高职专科工程造价专业培养方向的差异。

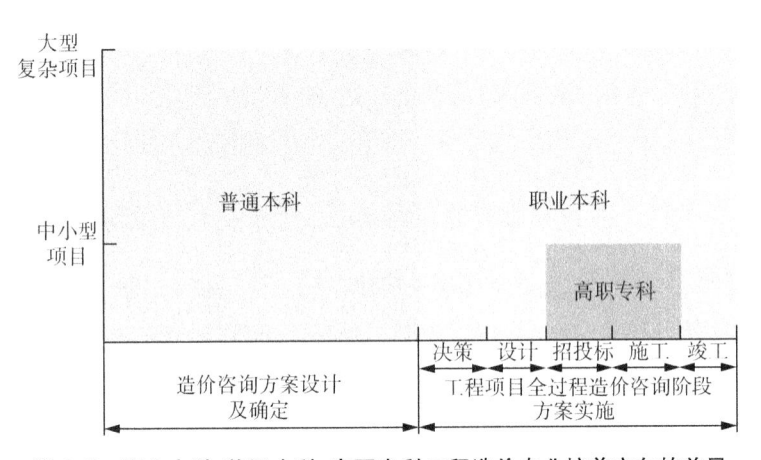

图3-7 职业本科、普通本科、高职专科工程造价专业培养方向的差异

2. 河北省绿色建造产业亟须具备将造价咨询方案有效实施落地能力的职业本科工程造价专业人才

河北省在绿色建造产业，特别是在城市更新、历史文化保护传承等关键领域，对具备能力的工程造价咨询企业的需求日益迫切。这些领域亟须具备数字化技能的，能够将大型复杂项目、多专业综合、全过程造价咨询方案有效落地实

施的高层次技术技能专业人才,以推动造价咨询企业实现转型、提质升级。解决这一人才缺口的有效途径是培养职业本科层次的工程造价专业学生。

目前河北省高校尚未开设职业本科工程造价专业,迫切需要一所拥有丰富职业教育经验的学校来开设此专业,以解决行业发展难题。

为此,我们明确了拟招生的职业本科工程造价专业的培养目标,即面向绿色建造产业中工程造价咨询行业的工程造价师核心岗位,培养具备工程造价确定、管理及控制专业技能,具备数字化适应能力、复杂问题解决能力和可持续发展能力,能从事大型复杂工程、城市更新项目及新建项目(民用建筑工程/工业建筑工程/安装工程/市政工程/园林绿化工程/仿古建筑/房屋修缮工程)投资决策分析与评价、编制估概算预结算决算、工程招投标、合同管理、成本管理及控制、项目后评价的全过程造价咨询工作的高层次技术技能人才。

二、设置工程造价专业的可行性

(一) 本科办学经验助力探索特色职业本科专业设置路径

1. 本科办学经验丰富

河北科技工程职业技术大学建筑工程系成立于1986年,开设建筑工程、智能建造工程两个本科专业,建筑工程技术、工程造价、建设工程监理、建筑钢结构工程技术、建筑设计五个专科专业,2022年建筑工程本科专业开始招生,2024年智能建造工程本科专业开始招生。

自2010年开始,河北科工大连续十余年承担石家庄铁道大学、河北科技大学的工程造价、工程管理、土木工程本科成人教育和自学考试教学工作,积累了丰富教学经验和扎实专业基础。

2. 探索职业本科专业设置路径:AI大数据模型技术精准设计专业课程体系

(1) 河北科工大职业本科工程造价专业与普通本科该专业课程体系的差异

全国共有148所普通本科学校开设工程造价专业,其中7所为"985"、

"211"或"双一流"高校。此外,还有6所通过了住建部的专业认证评估。普通本科学校专业课程体系设计起点基于学科体系,其课程内容重点在前端造价咨询方案设计及确定。

河北科工大拟设置职业本科工程造价专业,职业教育的课程体系设计起点基于对典型工作任务的分析,基于工程造价师核心工作岗位的典型工作任务确定课程结构体系,重点在后端造价咨询方案的实施。

图3-8为河北科工大职业本科工程造价专业与普通本科该专业课程体系的差异,坐标图的纵坐标轴表示专业开设课程的覆盖范围,横坐标轴表示工程造价咨询业务前端及后端。图3-8中阴影体现出河北科工大职业本科工程造价专业与普通本科(148所)该专业课程体系的差异。

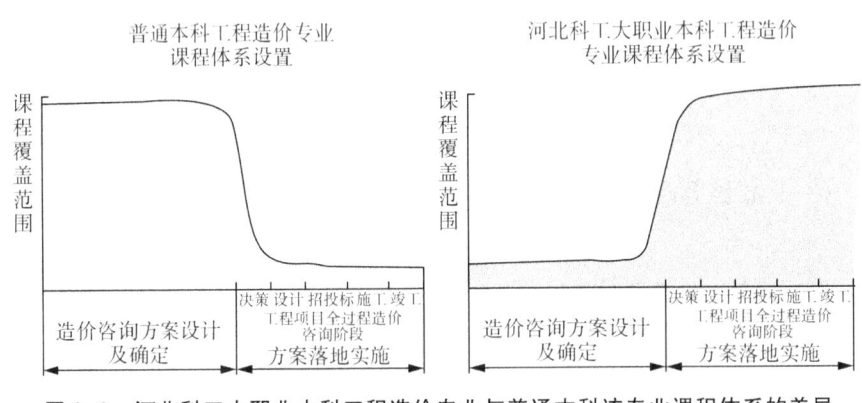

图3-8 河北科工大职业本科工程造价专业与普通本科该专业课程体系的差异

(2) 河北科工大职业本科工程造价专业与已招生职业本科该专业课程体系的差异

全国共有13所职业本科院校开设工程造价专业,其中1所为公办院校,其余为民办院校。职业教育要从典型工作任务分析来确定专业课程结构体系。我们对已招生的职业本科工程造价专业进行了调研,发现这些专业在编制人才培养方案初期,由于典型工作任务的调研样本不足、调研数据存在失真等问题,导致无法准确地进行岗位能力定位和工作任务分析,进而影响了课程结构体系的设计。因此,这些学校的课程结构设置出现了以下一系列问题:①模仿普通本科课程结构,缺少职业类型特色;②在高职专科课程基础上进行简单升级,与本科层次要求不匹配;③照搬《国家专业教学标准》,缺少本校办学特色。

河北科工大拟设置职业本科工程造价专业,其课程结构体系设置解决了上述问题:

①首个职业本科专业采用 AI 大数据模型技术精准设计课程体系结构。与星空书院合作,利用 AI 大数据模型技术,根据薪资水平、服务区域等要素对工程造价专业就业岗位信息进行初筛;选定以工程造价师为核心的岗位群,通过 AI 确定典型工作任务、专业核心工作能力的样本集;按照全过程造价咨询的决策阶段、设计阶段、招投标阶段、施工阶段、竣工阶段对样本集进行典型工作任务的归纳,并结合《国家经济行业分类》《中华人民共和国职业分类大典》,确定拟申报工程造价专业的典型工作任务和核心工作能力;结合前期企业调研确定的专业培养目标,最终确定拟申报专业的培养规格和专业课程结构。课程体系的设计过程,体现职业教育类型特色。图 3-9 为 AI 大数据模型精准分析过程图。

岗位	行业	典型工作任务	核心工作能力
工程资料员	房地产业	1.配合本公司电气、通信工程部门竣工图纸制作、工程验收资料、工程结算、竣工资料整理归档等相关工作 2.管理本公司工程部剩余工程利余物资、施工安全工器具管理,统计各项目费用支出 3.负责办公室工程类资料、图纸等档案的收集、管理等相关工作 4.工作数据的收集、整理、分析 5.相关工程项目付款流程的跟进和报签 6.负责报告的通用技术编制工作 7.负责公司市政、测绘等工程的管理与资料收集整理,以及工程预算管理、工程造价 8.负责员工及公司所有证件的申请、考试、整理、归档等工作 9.参与工程施工合同的拟定,对合同书中有关工程造价部分内容进行复核把关 10.协助其他部门做好工程管理过程中涉及预算相关的工作	1.具备沟通能力、计划与执行能力、客户关系能力 2.熟练办公软件和管理软件 3.熟悉通信项目EPC工程资料管理 4.良好的服务意识、团队合作意识、敬业精神及责任心 5.熟练运用CAD画图 6.了解合同条款和付款方式 7.精通建筑施工管理知识 8.具备基本的计算机应用知识 9.具有较为深厚的文字编写功底 10.了解公司在建项目的施工进度情况
项目招投标	建筑业	1.负责投标文件的编制、整体投标文件的排版、打印、复印、装订等工作,并按规定如期完成标书制作 2.招投标信息的收集、投标文件的制作及标书中涉及的相应工作 3.完成领导与上级部门交办的其他工作事项 4.负责组织开标、评标等活动,具有编制开标、评标资料的能力 5.招标信息收集、整理汇总、评估投标可行性 6.负责与委托人洽商草拟代理招标委托合同 7.掌握政府有关管理规定、招投标政策方面、价格政策和造价管理方面的发展动态	1.熟悉使用办公软件进行项目招投标文件的汇总、排版、检索等 2.良好的团队协作能力、执行能力、沟通能力、抗压能力、可适应短期出差 3.良好的职业素养和团队合作意识 4.较强的分析能力、学习能力、责任心及团队意识 5.熟悉造价相关政策法规 6.良好的职业操守和敬业精神 7.熟悉政府采购相关法律法规和流程 8.具有编制开标、评标资料的能力

基于社会需求的工程造价职业本科专业人才培养方案研制

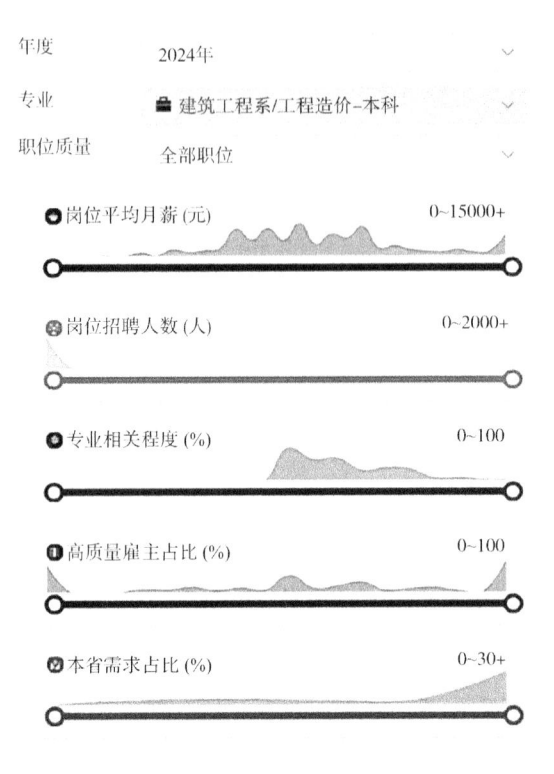

年度	2024年
专业	建筑工程系/工程造价-本科
职位质量	全部职位

● 岗位平均月薪(元)　0~15000+

● 岗位招聘人数(人)　0~2000+

● 专业相关程度(%)　0~100

● 高质量雇主占比(%)　0~100

● 本省需求占比(%)　0~30+

初选职位：成本管理员 × 　合同管理 × 　给排水/暖通工程 × 　工程资料员 × 　项目招投标 × 　园艺/园林/景观设计 × 　土木土建工程师 × 　预结算员 × 　咨询项目管理 × 　融资顾问 × 　工程造价师/预结算经理 × 　建筑施工现场管理 × 　成本经理/成本主管 × 　报价工程师 × 　装修工程师 × 　安装工程师 × 　公路/桥梁港口/隧道工程 × 　暖通工程师 × 　计量工程师 × 　[职位比较]　[清空]

职位名称	岗位平均月薪	岗位招聘人数	专业相关程度	选择职位优势
工程造价师/预结算经理	7993	11786	100%	高需　本地就业区域　专业相关度　新质生产力
成本管理员	9885	204	97%	高薪　高需　雇主质量　本地就业区域　专业相关度　新质生产力
装修工程师	11080	40	85%	高薪　高需　雇主质量　本地就业区域　专业相关度　新质生产力
建筑施工现场管理	6770	2281	87%	高需　雇主质量　本地就业区域　专业相关度　新质生产力
成本经理/成本主管	11782	381	91%	高薪　高需　雇主质量　本地就业区域　专业相关度　新质生产力
报价工程师	8032	88	85%	高需　雇主质量　本地就业区域　专业相关度　新质生产力

< 1 2 3 4 5 6 … 38 >

职位比较

☑ 成本管理员	☐ 合同管理	☐ 给排水/暖通…	☐ 工程资料员
☑ 项目招投标	☐ 园艺/园林…	☐ 土木/土建工…	☐ 预结算员
☑ 咨询项目管理	☐ 融资顾问	☑ 工程造价师/…	☐ 建筑施工现场…
☑ 成本经理/成…	☐ 报价工程师	☐ 装修工程师	☐ 安装工程师
☐ 公路桥梁/…	☐ 暖通工程师	☐ 计量工程师	

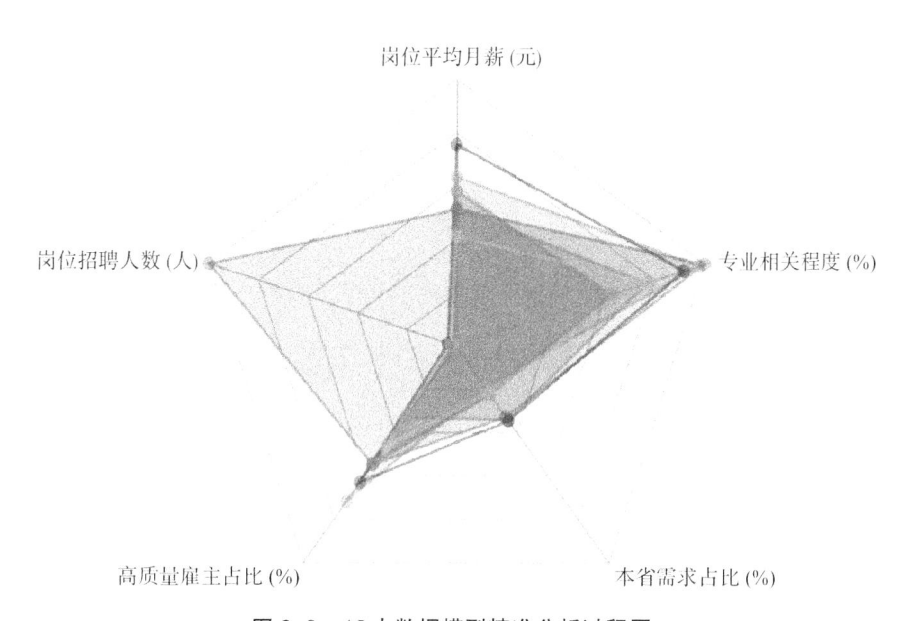

图 3-9　AI 大数据模型精准分析过程图

②将大型复杂项目、全过程咨询项目作为课程群实践项目纳入人才培养方案中,体现本科层次。

③根据河北省政府、邢台市等地方政府关于城市更新和历史文化保护传承等方面的要求,增设2个专业发展方向:城市更新、城市美化与文化遗产保护。响应河北科工大"立足邢台,服务河北,辐射京津"的专业定位,体现了专业特色。图3-10为河北科工大职业本科工程造价专业与已招生职业本科该专业课程体系的差异。

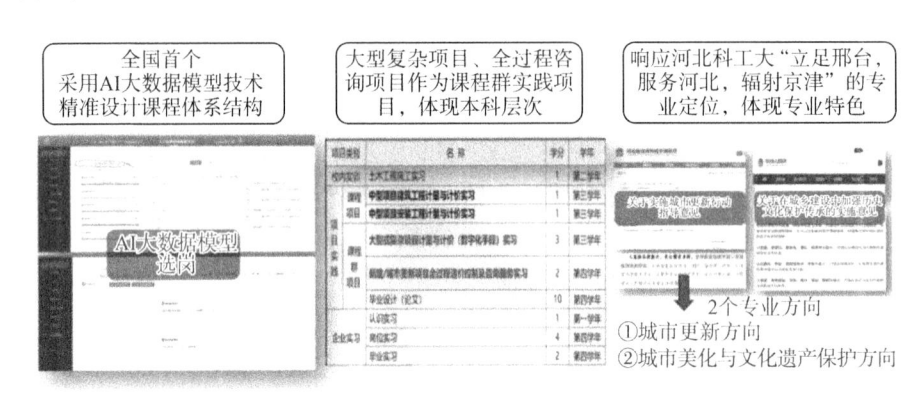

图3-10 河北科工大职业本科工程造价专业与已招生职业本科该专业课程体系的差异

(二) 依托专业成绩优异,育人成果斐然

本次申报依托建筑工程系高职专科工程造价专业。

1. 专业积淀深厚,综合实力领先

河北科工大建筑工程系工程造价专业于2001年11月经河北省批准设立,2002年9月正式招生,有23年办学经验;2015年6月工程造价被设立为校级重点建设专业,逐步形成"螺旋式"特色人才培养模式;2019年6月入选河北省高等职业教育创新发展行动(2019—2022)智能建造技术资源库;2022年4月入选河北省高等职业教育创新发展行动计划(2022—2025)建筑钢结构工程技术专业群;2024年9月河北科工大着手建设绿色建造专业群,本专业是该专业群的重要组成专业。

2. 探索螺旋式人才培养课程体系，开发一体化教学资源

本专业开发的"螺旋式人才培养课程体系"，尊重学生个性化发展，符合学生认知规律和学习特点；2018年4月，以此成果为依托，以排名第一通过重点专业建设验收。同年本成果获省教育厅人文社会科学研究项目立项，并于2020年顺利结题。2022年，本成果获校级教学成果二等奖。图3-11为螺旋式、直线式教学模式对比示意图。

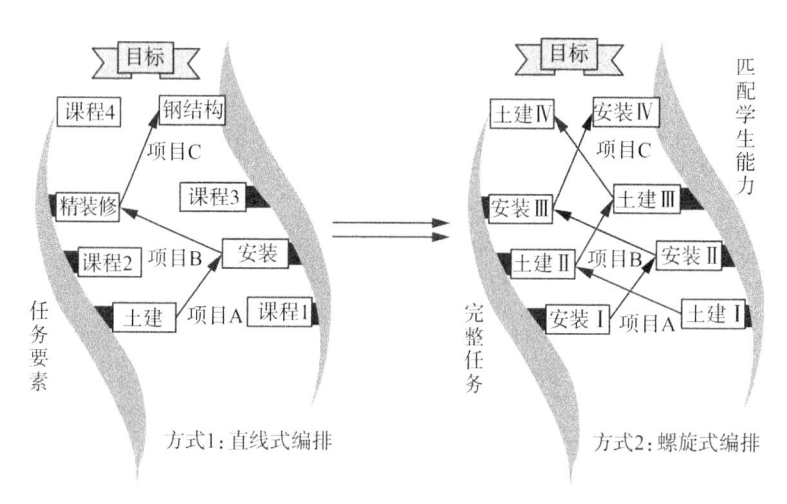

图 3-11　螺旋式、直线式教学模式对比示意图

参与国家级规划教材7部，省部级教材9部，建设各类SPOC课、MOOC课、在线开放课程30余门，荣获国家级精品课1门，省级精品课4门，获省级职业教育优秀数字教材1部。图3-12为部分在线精品课。

图 3-12　部分在线精品课

3. 产教融合赋能，岗赛共育人才

把产教融合水平作为衡量专业成绩的试金石，从提高学生就业质量和专业素养两方面达到培养高素质技术技能人才的需求。作为全国绿色施工行业、全国土木双碳行业、全国装配式建筑、全国智能建造等 4 家产教融合共同体副理事长单位，协同企业协会开展技术攻关和创新，共同开发教学资源、教学装备、技术服务、实践能力项目和社会培训项目，实现校企、高校对接。图 3-13 为产教融合共同体副理事长单位及产业学院。

图 3-13 产教融合共同体副理事长单位及产业学院

携手中基华工程管理集团有限公司与邢台市交通建设集团有限公司等龙头企业，创立校企共管工程管理学院，深化校企共同育人，图 3-14 为校企共同育人成果照片。2002 年以来，累计向社会输送 2 500 余名优秀毕业生，就业分布京津冀，体现了学校立足邢台、服务河北、面向京津冀的发展战略。近三年工程造价专业招生计划完成率为 110%、109.38%、100%，新生报到率为 100%、100%、98.75%，就业率达到 98.52%、98.01%、98.34%，展现出良好专业素养，获得用人单位一致好评。贯彻以赛促教、以赛促学原则。近年获得全国职业院校技能大赛工程识图赛项三等奖 2 项，河北省各类大赛一等奖 4 项、二等奖 21 项，行业协会类比赛一等奖 6 项、二等奖 14 项。

图 3-14　校企共同育人

（三）师资队伍雄厚，专业实践丰富

1. 专业教师基本情况

本专业有专任教师 17 名，师生比 1∶14.7；其中教授 3 人，副教授 6 人，占比 52.9%；全部教师具有硕士学位，其中博士学位 3 人，占比 17.7%；"双师型"教师 15 人，占比 88.2%。

聘请企业一线兼职教师 5 名，均为高级工程师，拟承担本科专业课教学任务授课学时占专业课总学时的 22.89%，具有丰富的专业实践经验，实现资源对接，优化师资结构。

2. 获得省级以上荣誉的情况

专业教学团队师资雄厚，拥有全国师德先进个人、河北省模范教师、河北省师德标兵、河北省"三育人"先进个人、河北省"三三三"人才、河北省技术能手各1人。全国住房和城乡建设职业教育教学指导委员会建设工程管理专业指导委员会成员1人；高职本科工程造价专业国家教学标准研制组组长、执笔人各1人，工程管理专业国家教学标准研制组成员1人；全国职业院校技能大赛建设工程数字化计量与计价赛项出题专家组组长1人，省级职业技能大赛裁判长及裁判5人；注册造价工程师4人，注册建造工程师3人，注册监理工程师1人。团队教师在2021、2022年度河北省职业院校教学能力比赛中分别获一、二等奖。

(四) 科研平台坚实，团队成果显著

1. 省级技术研发推广平台使用情况

工程造价专业教学团队依托河北科工大主持国家级土木建筑工程校企共建生产性实训基地、河北省装配式钢结构应用技术协同创新中心，设有邢台市装配式建筑技术创新中心、邢台市建筑垃圾资源化利用技术创新中心，设有校级智慧工地管理技术中心、建筑BIM技术中心，形成省—市—校三级科研平台体系，充分发挥其在学科发展、自主创新和人才培养等方面的支撑作用。以应用技术研发中心为依托，设有校级工程造价信息化管理创新团队，在工程造价等方面开展技术研发。图3-15为国家级实训基地、省级技术协同创新中心，图3-16为邢台市技术创新中心。

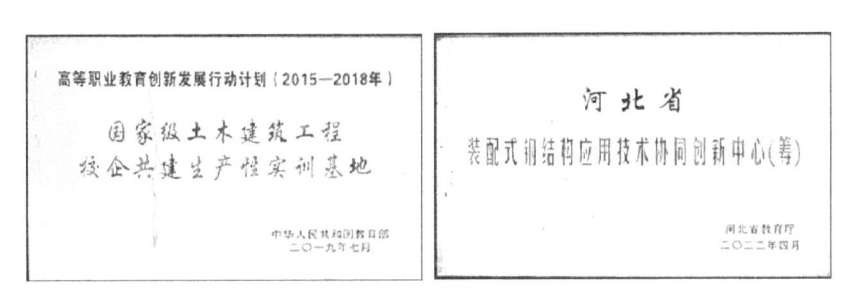

图 3-15 国家级实训基地、省级技术协同创新中心

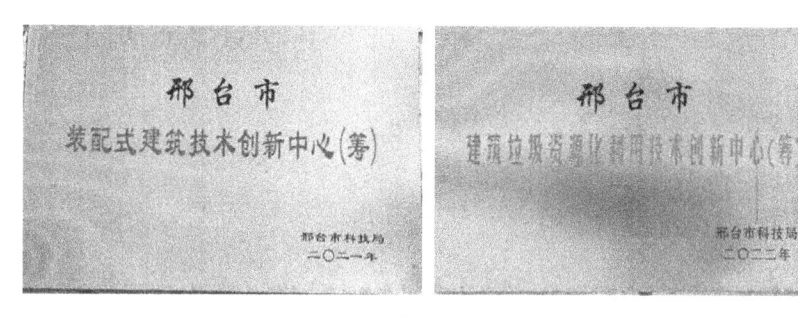

图 3-16　邢台市技术创新中心

2. 专业科研成果

依托各类平台，团队完成省部级教科研项目 20 项，横向技术服务额累计 221.85 余万元，公开发表 SCI、EI 等收录论文 8 篇，发表全国中文核心期刊论文 40 余篇。第一完成人完成发明专利授权 4 项、实用新型专利 11 项。图 3-17 为专利完成情况。

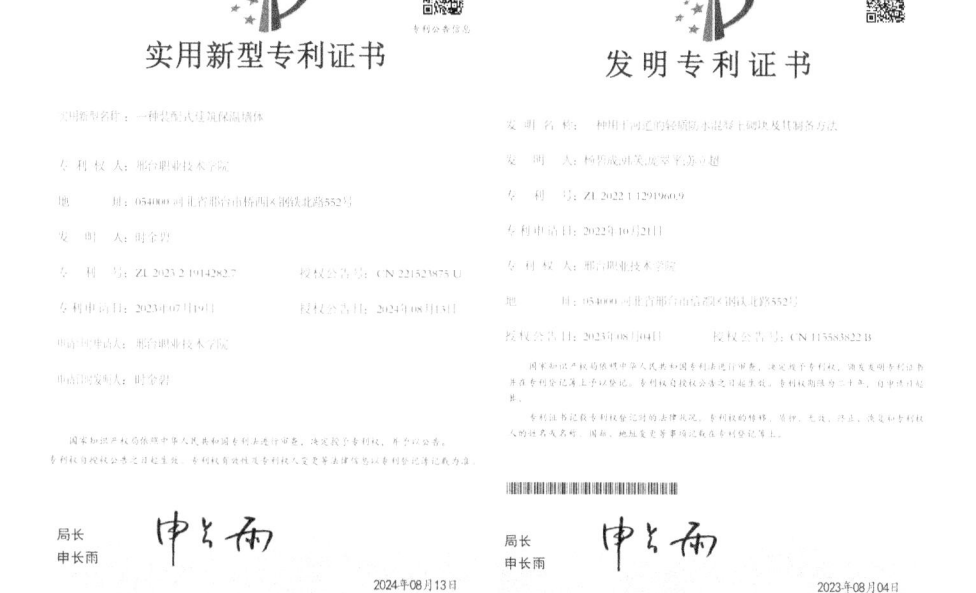

基于社会需求的工程造价职业本科专业人才培养方案研制

发明专利证书

证书号第5299686号

发明名称：一种建筑材料环保回收装置及其回收方法
发 明 人：王丽
专 利 号：ZL 2020 1 1389832.9
专利申请日：2020年12月02日
专 利 权 人：邢台职业技术学院
地　　　址：054000 河北省邢台市钢铁北路552号
授权公告日：2022年07月12日　　授权公告号：CN 112619821 B

国家知识产权局依照中华人民共和国专利法进行审查，决定授予专利权，颁发发明专利证书并在专利登记簿上予以登记。专利权自授权公告之日起生效。专利权期限为二十年，自申请日起算。

专利证书记载专利权登记时的法律状况。专利权的转移、质押、无效、终止、恢复和专利权人的姓名或名称、国籍、地址变更等事项记载在专利登记簿上。

局长 申长雨
2022年07月12日

实用新型专利证书

证书号第18540309号

实用新型名称：一种建筑垃圾制作水泥用的破碎研磨装置
发 明 人：徐涛
专 利 号：ZL 2022 2 2742564.1
专利申请日：2022年10月18日
专 利 权 人：邢台职业技术学院
地　　　址：054035 河北省邢台市钢铁北路552号
授权公告日：2023年02月28日　　授权公告号：CN 218531747 U

国家知识产权局依照中华人民共和国专利法经过初步审查，决定授予专利权，颁发实用新型专利证书并在专利登记簿上予以登记。专利权自授权公告之日起生效。专利权期限为十年，自申请日起算。

专利证书记载专利权登记时的法律状况。专利权的转移、质押、无效、终止、恢复和专利权人的姓名或名称、国籍、地址变更等事项记载在专利登记簿上。

局长 申长雨
2023年02月28日

实用新型专利证书

证书号第17355381号

实用新型名称：一种环保型的装配式钢结构建筑用保温墙体
发 明 人：宋泽洋；林青
专 利 号：ZL 2022 2 1447580.5
专利申请日：2022年06月10日
专 利 权 人：邢台职业技术学院
地　　　址：054000 河北省邢台市桥西区邢钢北路552号邢台职业技术学院
授权公告日：2022年09月06日　　授权公告号：ZL 217379078 U

国家知识产权局依照中华人民共和国专利法经过初步审查，决定授予专利权，颁发实用新型专利证书并在专利登记簿上予以登记。专利权自授权公告之日起生效。专利权期限为十年，自申请日起算。

专利证书记载专利权登记时的法律状况。专利权的转移、质押、无效、终止、恢复和专利权人的姓名或名称、国籍、地址变更等事项记载在专利登记簿上。

局长 申长雨
2022年09月06日

发明专利证书

证书号第7704879号

发明名称：一种建筑垃圾分类过滤回收装置及其回收方法
专 利 权 人：邢台职业技术学院
地　　　址：054000 河北省邢台市钢铁北路525号
发 明 人：兰丽君
专 利 号：ZL 2022 1 0124667.7　　授权公告号：CN 115364975 B
专利申请日：2022年02月10日　　授权公告日：2025年02月07日
申请时申请人：邢台职业技术学院
申请时发明人：兰丽君

国家知识产权局依照中华人民共和国专利法进行审查，决定授予专利权，并予以公告。
专利权自授权公告之日起生效。专利权有效及专利权人变更等法律信息以专利登记簿记载为准。

局长 申长雨
2025年02月07日

模块三　专业设置论证

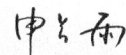

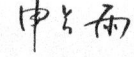

发明专利证书

证书号第4788263号

发明名称：一种建筑垃圾环保无雨处理装置及其处理方法
发 明 人：李燕燕
专 利 号：ZL 2020 1 1441843.7
专利申请日：2020年12月08日
专 利 权 人：邢台职业技术学院
地　　　址：054000 河北省邢台市钢铁北路552号
授权公告日：2021年11月12日　　授权公告号：CN 112692033 B

局长　申长雨

2021年11月12日

实用新型专利证书

证书号第15890429号

实用新型名称：一种便于安装的空调通风管
发 明 人：王向宁
专 利 号：ZL 2021 2 2061700.X
专利申请日：2021年08月30日
专 利 权 人：邢台职业技术学院
地　　　址：054000 河北省邢台市钢铁北路552号
授权公告日：2022年02月25日　　授权公告号：CN 215908556 U

局长　申长雨

2022年02月25日

实用新型专利证书

证书号第15237123号

实用新型名称：一种城市道路用带有雨水处理机构的排水装置
发 明 人：宋泽洋
专 利 号：ZL 2021 2 0629896.1
专利申请日：2021年03月29日
专 利 权 人：邢台职业技术学院
地　　　址：054000 河北省邢台市钢铁北路552号
授权公告日：2021年12月21日　　授权公告号：CN 215253279 U

局长　申长雨

2021年12月21日

实用新型专利证书

证书号第15509462号

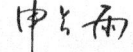

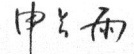

实用新型名称：一种具有降尘功能的节能环保型建筑废料用粉碎机
发 明 人：王争
专 利 号：ZL 2021 2 0081970.4
专利申请日：2021年01月06日
专 利 权 人：邢台职业技术学院
地　　　址：054000 河北省邢台市钢铁北路552号
授权公告日：2022年01月14日　　授权公告号：CN 215507164 U

局长　申长雨

2022年01月14日

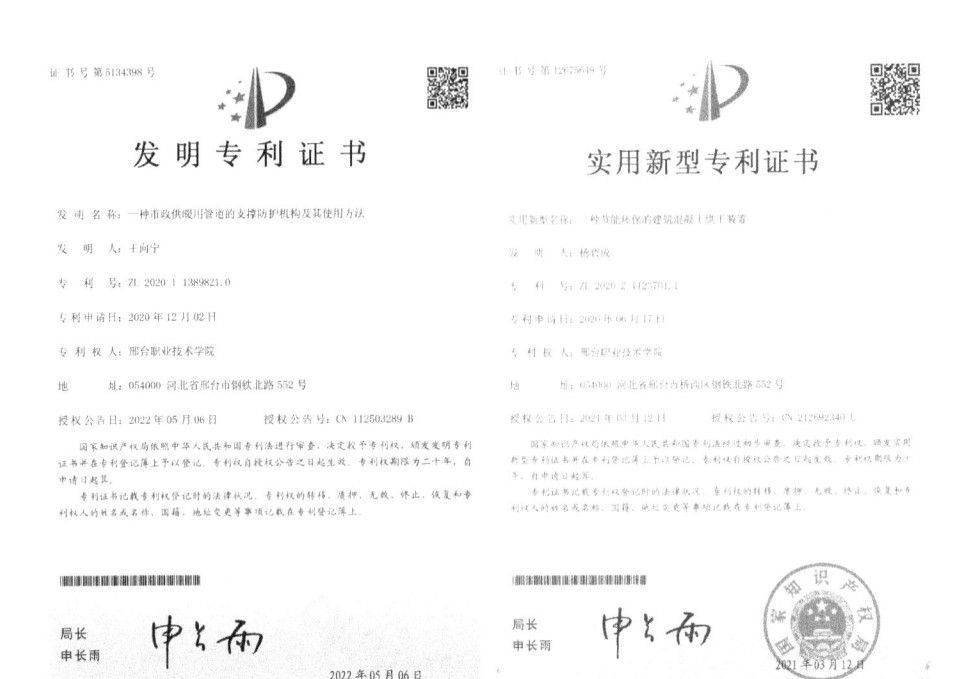

图 3-17　专利完成情况

（五）强化实训实践，增加资金投入

1. 专业实践教学场所

依托国家级土木建筑工程校企共建生产性实训基地"建筑工程技术中心"，建设面积9 517平方米，仪器设备总值1 010万元，其中可用于专业核心实训项目教学实验设备总价值724.18万元，专业生均教学科研仪器设备值4.01万元。技术中心拥有工程综合造价实训室、计量计价实一体实训室、智慧工地模拟平台技术中心等30余个实训场所，为开展专业实践教学提供有力保障。图 3-18 为校内实验实习条件。

2. 实践经费投入情况

近几年，学校和建筑工程系不断加大对校内实验实习条件的投入。2018年投入建设经费580万元，2019年投入建设经费125.98万元，2020年投

图 3-18 校内实验实习条件

入建设经费 140.37 万元，2021 年投入建设经费 62 万元，2022 年投入建设经费 92 万元。2023 年投入建设经费 87 万元，2024 年投入建设经费 190 万元。

建有与中基华工程管理集团有限公司、邢台建工商品混凝土有限公司、邢台市政建设集团股份有限公司、河北建设集团股份有限公司等 41 家校企深度合作的校外实训基地，图 3-19 为校外实训基地。依据产教融合实践共同体框架协议拟开展企业订单班试点，满足工程造价学生专业综合实训和岗位实习需求。

图 3-19 校外实训基地

工程造价专业围绕产业关键技术、中小微企业技术创新、产品升级和企业实际遇到的技术难题，深入推进校企协同技术创新，促进工程造价专业教科研水平的提高。为企业提供技术服务 30 余次,走访企业 50 余次,与企业联合开展技术项目研发 8 项。专业面向行业企业和社会开展职业培训人次 2022 年 918 人、2023 年 902 人、2024 年 770 人。本专业在校生人数 2022 年 454 人、2023 年 438 人、2024 年 249 人。2022—2024 三年,专业面向行业企业和社会开展职业培训人次大于本专业在校生人数的 2 倍。图 3-20 为专业技术培训现场照片。

图 3-20　专业技术培训现场照片

三、专业发展规划

(一) 建设目标

为了顺应河北省绿色建造产业的发展趋势,加速推动河北省工程造价咨询企业的快速转型升级,河北科工大致力于构建一个集高水平教学、前沿科研、实践创新与社会服务于一体的职业本科工程造价专业。明确培养定位,优化课程体系,提升课程资源质量与深度,优化教学模式及考核机制,加强师资队伍建设,完善实践条件建设,增加科研投入,深化产学研合作,更好地服务于行业发展与河北省地域需求。

河北科工大拟于 2025 年招收本科生 80 人,五年内把稳定学生规模、提升专业内涵作为专业重点发展战略,五年后在校生规模达到 640 人。

（二）建设措施

1. 专业培养定位

本专业培养能够践行社会主义核心价值观，德智体美劳全面发展，具有一定的科学文化水平，良好的人文素养、科学素养、职业道德，鲜明的军工精神、工匠精神，一定的国际视野，胜任科技成果与实验成果转化工作，掌握工程项目评价、造价政策文件、工程量清单及定额应用原理、工程合同及成本管理的基础知识，具备工程造价确定、管理及控制专业技能，具备数字化适应能力、复杂问题解决能力和可持续发展能力，面向绿色建造产业的工程造价咨询行业（属于工程管理服务行业）的工程造价工程技术人员的工程造价师岗位，从事大型复杂工程城市更新项目、新建项目（民用建筑工程/工业建筑工程/安装工程/市政工程/园林绿化工程/仿古建筑/房屋修缮工程）投资决策分析与评价、编制估概算预结算决算、工程招投标、合同管理、成本管理及控制、项目后评价的全过程造价咨询工作的高层次技术技能人才。

2. 师资队伍建设

关于教师的素质和能力，计划利用3～5年时间完成以下目标：

（1）培养6～10名专业骨干教师，使师资团队具备解决大型复杂项目中全过程造价咨询管理的问题；

（2）派遣2～3名青年骨干教师赴国内外高校进修并取得博士学位，进一步提升青年教师的教学科研水平；

（3）聘请3～5名知名学者、行业专家、技术能手担任兼职教师，逐步实现工程造价专业的教师队伍由"双师型"向"专家型"升级。

3. 课程体系与资源建设

（1）构建"两平台三模块""课程—课程群—专业"整体架构

构建"两平台三模块"课程体系整体架构，即通识课程平台、基础课平台与专业能力模块、个性选修模块、综合实践模块，满足学生全面发展需要。构建"课程—课程群—专业"三级实践项目即实习实训，依托产教融合平台引入企业真实工作项目,实现"真题真做、真题仿做",强化技术应用和创新能力培养,呼应服务高层次人才培养定位。

（2）采用 AI 大数据模型技术设计专业课程结构

本专业依托星空书院的 AI 大数据模型技术提供的数据样本,对工程造价专业就业岗位信息进行筛选,通过深入剖析岗位需求及工作内容,提炼归纳本专业全过程工程造价咨询的典型工作任务、专业核心工作能力。根据《国家经济行业分类》《中华人民共和国职业分类大典》,进一步确定专业的培养规格、课程搭建结构体系,最终形成工程造价专业"2＋2"形式,即两领域"工程造价确定、工程造价管理及控制"＋两方向"城市更新、城市美化与文化遗产保护",确保学生在完成学业后能够无缝对接职场,迅速适应并胜任工程造价领域的各项挑战。图 3-21 为工程造价专业课程结构图。

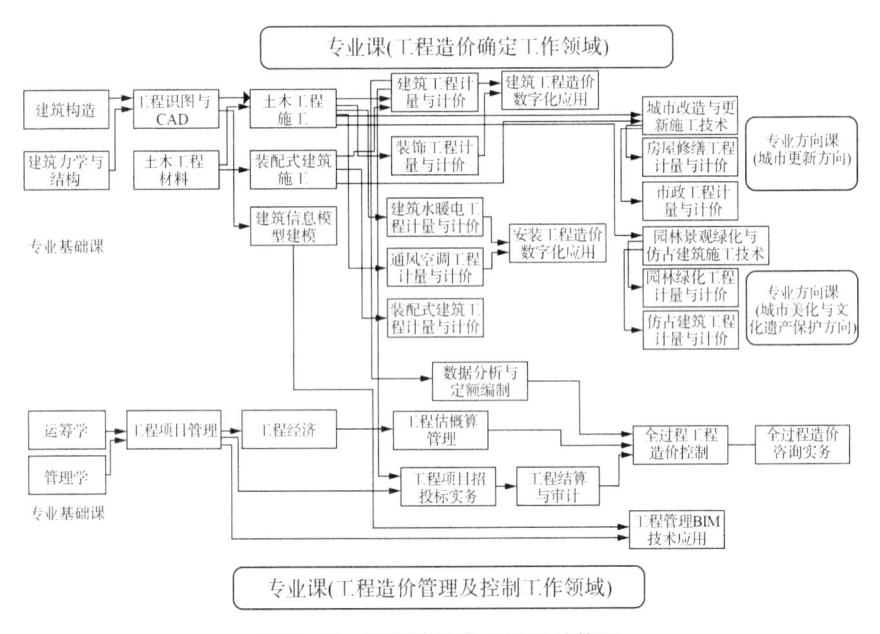

图 3-21 工程造价专业课程结构图

（3）开设的主要课程与实践环节

本专业总学时 3 420,其中实践学时 1 750,占比 51.2%,实验开出率达 100%。以下为本专业开设的主要课程:

①专业基础课程:建筑构造、建筑力学与结构、工程识图与 CAD、土木工程材料、土木工程施工、装配式建筑施工、建筑信息模型建模、运筹学、管理学、工

程项目管理；

②专业课(工程造价确定领域)：建筑工程计量与计价、装饰工程计量与计价、建筑水暖电工程计量与计价、通风空调工程计量与计价、装配式建筑工程计量与计价、建筑工程造价数字化应用、安装工程造价数字化应用；

③专业课(工程造价管理及控制领域)：工程经济、数据分析与定额编制、工程估概算管理、工程项目招投标实务、工程结算与审计、全过程工程造价控制、工程管理BIM技术应用、全过程造价咨询实务；

④专业方向课(城市更新方向)：城市改造与更新施工技术、房屋修缮工程计量与计价、市政工程计量与计价；

⑤专业方向课(城市美化与文化遗产保护方向)：园林景观绿化与仿古建筑施工技术、园林绿化工程计量与计价、仿古建筑工程计量与计价。

以下为本专业的"校内实训—项目实践—企业实习"的三阶段综合性实践体系。实践教学内容循序渐进，以中型项目工程计量与计价实习为起点，过渡到利用数字化手段完成大型复杂项目，体现本科层次；根据行业特点、河北省域发展需求，设置新建/城市更新项目全过程造价控制及咨询服务实习，体现学校办学特色。

⑥校内实训：土木工程施工实习；

⑦课程项目实践：中型项目建筑工程计量与计价实习、中型项目安装工程计量与计价实习；

⑧课程群项目实践：大型复杂项目计量与计价(数字化手段)实习、新建/城市更新项目全过程造价控制及咨询服务实习、毕业设计；

⑨企业实习：认识实习、岗位实习、毕业实习。

4. 教学模式与考核评价

(1) 教学模式

依据工程造价专业培养目标要求，构建"基于工作过程系统化，职业能力螺旋上升"的教学模式，通过通识教育课程、学科(专业)基础课程、专业核心课程、讲座、社会活动、文化活动、各种竞赛、大学生创新实验、实习、课程设计、毕业设计等实践教学环节，使学生知识、能力和素养达到专业毕业要求。

(2) 考核评价

健全既注重能力培养又强调知识掌握，且具备高度多元化的学业考核的评

价体系,考核内容如下:

①开设的主要课程实施教考分离,以教学大纲为依据进行教学和考核,实行统一命题、集体流水阅卷的教考分离制度,充分发挥考试在教学评价工作中的作用,从而使教学工作规范有序地进行,形成重教重学的良好氛围,不断提高本科教学质量。

②通过系统的评价转换学分,学生可以通过自主完成企业微项目、参加技能大赛考取相关证书,从而进行学分置换。通过灵活的课程实施方式,加强校企合作、进行双主体育人,提高了学生的职业技能,使学生在毕业后能够胜任任职岗位。

5. 实践条件建设

基于工程造价专业人才培养要求,不断完善实训基地实践教学条件,建设产学研用培一体化实训基地。到 2026 年,实训基地基础设施全面升级,功能基本完善,本科实践教学条件基本完备,配备专业的计算机设备和软件,满足学生进行造价核算、成本控制等实践操作的需求。为学生提供可访问的工程项目数据库以及相关的软件平台,包括工程项目成本数据库、造价系列软件、BIM 项目管理软件等,使学生能够在实训中进行实际的数据处理和项目管理操作。建设模拟的工程项目案例,供学生进行仿真实践操作,完善专业实训指导教师团队。

6. 科研与技术服务

结合河北省绿色建造产业转型升级发展需求,依托国家级土木建筑工程校企共建生产性实训基地、河北省装配式钢结构应用技术协同创新中心,建设更加先进的科研平台,引进优秀的科研人才,同时提供良好的科研条件和支持,积极开展与国内外高校、科研机构和企业进行学术交流与合作,提升科研水平和技术服务能力,建设专门的技术服务平台,向社会提供更加便捷的专业技术服务机制和渠道。计划到 2026 年,力争独立或者联合其他单位完成 10 余项课题,授权发明专利 10 余项,发表高水平论文 20 余篇。增强高校的社会服务功能,为企业等相关组织提供咨询、技术、培训等服务。计划到 2026 年,完成培训 5 000 余人次,横向技术服务到款额达到 400 万元。

7. 产教融合、校企合作

计划到 2026 年，新建立 8 家合作平台，促进信息交流、项目对接和资源共享；签署相应合作协议，明确双方的合作目标、内容、责任和权益；开展需求调研，不断调整相应的人才培养方案，促进毕业生更好地满足社会需求；设立相关实习基地，为学生提供实习机会和实践环境；建立企业导师制度，设立企业导师和学校教师的双导师制度；举办校企合作交流活动，促进校企之间的沟通合作。

四、保障措施

（一）机制保障

成立专业建设领导小组，全面保障职业本科工程造价专业的建设。按照学校和建筑工程系的"十四五"改革发展规划，实行目标责任制，分工协作，支撑规划建设工作的全过程各个阶段，确保工程造价学科的建设效率与质量，全面推进学科建设水平。

建立学院定期检查、项目组定期报告制度，以及有关项目建设检查考核、评价通报等规定和相关配套政策，以保证学科建设的进度和质量，确保学科建设达到预期目标。

为调动广大教师的工作积极性和主动性，推进学科建设的各项工作，建筑工程系建立完善的奖励措施。

（二）经费保障

保证教学经费及时、足额投入教学工作，能够满足工程造价专业方面的课程资源开发、教学设备配套、教学资料、教师培训、外出学习交流等经费需要，同时加强监督，保证教学经费能够足额、充分、高效地使用。

（三）条件保障

加强专业基础设施建设，改善教学实践条件，提高教学质量，提高学生的实践能力和学术能力。

与校外企业建立良好的合作关系，提高与校外企业的合作水平，充分满足本专业学生的实习需要，保障学生的校外实习需求。

通过内培外引，从年龄结构、学历结构、职称结构、技能结构等多角度考量，进一步加强师资队伍建设，构建一支高水平的教学团队。

五、招生专业信息表

拟招生专业基本情况：			
拟招生专业名称	工程造价	专业代码	240501
办学性质	公办	学位授予学科门类	工学学士
2025年拟招生数（人）	80	学制	4
总学时	3 420	实践教学学时	1 750
实践教学学时占总学时的比例（%）	51.2	实验实训项目（任务）开出率（%）	100
"双师型"教师占比（%）	88.2	兼职教师数（人）	5
兼职教师计划承担的专业课授课学时占专业课总学时比例（%）	22.89	是否有省级及以上教育行政部门等认定的高水平教师教学（科研）创新团队	否
省级及以上教学名师数量（人）	4	省级及以上教学领域有关奖励数量（项）	4
生均教学科研仪器设备值（万元）	9.05	是否有省级及以上技术研发推广平台	是
所依托主要专业基本情况：			
专业名称	工程造价	专业代码	440501
专业开设时间	2001.11	是否为省级以上重点（特色）专业	是
本专业全日制在校生数（人）	249	本专业专任教师数（人）	17
专任教师与全日制在校生人数之比	1∶14.7	高级职称专任教师比例（%）	52.9
具有硕士学位专任教师比例（%）	100	具有博士学位专任教师比例（%）	17.7
2024年度面向行业企业和社会开展职业培训人次	770	2024年招生计划完成率（%）	0
2024年新生报到率（%）	0	2024年度应届生就业率（%）	98.34

续表

拟招生专业设置可行性	1. 河北省造价咨询企业转型提质,亟须高层次技术技能人才助力 工程造价专业服务于工程造价咨询行业,隶属于建筑产业范畴。本专业对应河北省绿色建造产业中的工程造价咨询行业。在对中基华工程管理集团有限公司、邢台市交通建设集团有限公司等龙头企业的调研中,发现行业在转型升级中存在如下问题:①造价咨询企业以中小型为主,业务低端单一,咨询业务是算量套价,缺少全过程造价咨询人才;②缺少企业级管理平台和数据库,缺少具备数字化能力人才;③河北省城乡建设重点推行城市更新、历史文化保护传承等行动对工程造价咨询提出新要求,缺乏造价咨询高层次技术技能人才。解决这些人才缺口的有效途径是培养具备数字化能力,能够将大型复杂项目、多专业综合、全过程造价咨询方案有效落地实施的职业本科工程造价专业学生。目前河北省高校尚未开设职业本科工程造价专业,迫切需要一所拥有丰富职业教育经验的学校来开设此专业,以解决行业发展难题。 2. 专业底蕴实力雄厚,探索职业创新路径 建筑工程系工程造价专业于2001年11月经河北省批准设立;2019年6月入选河北省高等职业教育创新发展行动(2019—2022)智能建造技术资源库;2022年4月入选河北省高等职业教育创新发展行动计划(2022—2025)建筑钢结构工程技术专业群;2024年9月河北科工大着手建设绿色建造专业群,本专业是该专业群的重要组成专业。 3. 培养能有效实施多专业综合全过程造价咨询方案的高层次技术技能人才 结合行企调研,明确拟招生的职业本科工程造价专业的培养目标:面向绿色建造产业中工程造价咨询行业的工程造价师核心岗位,培养具备工程造价确定、管理及控制专业技能,具备数字化适应能力,能从事大型复杂工程、城市更新项目及新建项目的(民用建筑工程/工业建筑工程/安装工程/市政工程/园林绿化工程/仿古建筑/房屋修缮工程)全过程造价咨询工作的高层次技术技能人才。 培养学生达成素质目标,掌握构造、材料等工程基础知识,还要掌握运筹学、管理学等职普横向融通、纵向贯通的专业基础知识;具备计量计价的专业基本能力,造价管理及控制的专业核心能力,全过程造价咨询的专业发展能力,以及城市更新、文化遗产保护造价咨询的专业方向能力。 4. 完善专业建设机制,保障专业可持续发展 学校将工程造价专业制定在"十四五"发展规划中,校组建由行企、高校专家组成的"工作委员会",制定《本科层次人才培养方案制订指导意见》《专业教学标准》等文件。
教师队伍情况要点	1. 师资结构均衡,梯队配置合理 本专业有专任教师17名,师生比1∶14.7;其中教授3人,副教授6人,占专任教师总数的52.9%;全部教师具有硕士学位,其中博士学位3人,占专任教师总数的17.7%。 专任教师中有高职本科工程造价专业国家教学标准研制组组长、执笔人各1人,工程管理专业国家教学标准研制组成员1人;全国职业院校技能大赛建设工程数字化计量与计价赛项出题专家组组长1人,省级职业技能大赛裁判长及裁判5人,注册造价工程师4人,注册建造工程师3人,注册监理工程师1人。 2. 专兼教师结合,优化师资结构 专任教师中"双师型"教师15人,占专任教师总数的88.2%。 聘请企业一线兼职教师5名,均为高级工程师,拟承担本科专业课教学任务授课学时占专业课总学时的22.89%,具有丰富的专业实践经验,实现资源对接,优化师资结构。 3. 教师团队优秀,教学业务精湛 专业教学团队师资雄厚,拥有全国师德先进个人、河北省模范教师、河北省师德标兵、河北省"三育人"先进个人、河北省"三三三"人才、河北省技术能手各1人;全国住房和城乡建设职业教育教学指导委员会建设工程管理专业指导委员会成员1人。 团队教师在2021、2022年度河北省职业院校教学能力比赛中分别获一、二等奖。 团队拥有国家、河北省精品课程5门、河北省一流线下核心课程1门、河北省优秀数字教材1部。

专业人才培养方案要点	1. 首个专业采用AI大数据模型精准设计课程结构体系 本专业与中基华工程管理集团有限公司、邢台市交通建设集团有限公司等企业建有紧密校企合作关系，深入企业调研、紧密贴合企业需求进行职业本科人才培养方案构建。与星空书院合作，采用AI大数据模型精准设计课程体系。①利用AI大数据模型技术，根据薪资水平、服务区域等要素对工程造价专业就业岗位信息进行初筛；②选定以工程造价师为核心的岗位群，通过AI确定典型工作任务、专业核心工作能力的样本集；③按照全过程造价咨询的决策阶段、设计阶段、招投标阶段、施工阶段、竣工阶段对样本集进行典型工作任务的归纳，并结合《国家经济行业分类》《中华人民共和国职业分类大典》，确定拟申报工程造价专业的典型工作任务和核心工作能力；④结合前期企业调研确定的专业培养目标，最终确定拟申报专业的培养规格和专业课程结构。 工程造价专业课程结构呈"2+2"形式，即两领域"工程造价确定、工程造价管理及控制"+两方向"城市更新、城市美化与文化遗产保护"。具体包括建筑、安装、装配式、装饰、房屋修缮、市政、园林、仿古工程计量与计价，数据分析与定额编制、估概算、结算审计、全过程工程造价控制、全过程造价咨询实务，造价数字化应用、工程管理BIM技术应用等课程。培养学生具备数字化、将多专业综合全过程造价咨询方案有效落地实施的能力。 2. 开发"校内实训—项目实践—企业实习"三阶段综合性实践体系 ①校内实训：土木工程施工实习；②课程项目实践：中型项目建筑工程计量与计价实习、中型项目安装工程计量与计价实习；③课程群项目实践：大型复杂项目计量与计价（数字化手段）实习、新建/城市更新项目全过程造价控制及咨询服务实习、毕业设计；④企业实习：认识实习、岗位实习、毕业实习。 实践教学内容循序渐进，以中型项目工程计量与计价实习为起点，过渡到利用数字化手段完成大型复杂项目，体现本科层次；根据行业特点、河北省域发展需求，设置新建/城市更新项目全过程造价控制及咨询服务实习，体现学校办学特色。 本专业总学时3 420，其中实践学时1 750，占比51.2%，实验开出率达100%。为学生提供了充足的实践机会，确保每位学生都能获得充分的实验与实训机会。
办学条件概要	1. 开展校企合作，赋能产教融合 本专业携手中基华工程管理集团有限公司与邢台市交通建设集团有限公司等龙头企业，创立校企共管工程管理学院，深化校企共育人，依据产教融合实践共同体框架协议来开展企业订单班试点，满足工程造价专业学生综合实训和岗位实习需求。作为全国绿色施工行业、全国土木双碳行业、全国装配式建筑、全国智能建造等4家产教融合共同体副理事长单位，协同企业协会开展技术攻关和创新，共同开发教学资源、教学装备、技术服务、实践能力项目和社会培训项目，实现校企高效对接。 2. 加大投入力度，专业建设紧跟行业发展 本专业加大对校内实验实习条件的投入，2021年投入建设经费62万元，2022年投入建设经费92万元，2023年投入建设经费87万元，2024年投入建设经费190万元。实践教学仪器设备总值1 000.8万元，其中用于专业核心实训项目的教学实验设备总价值为724.18万元，拟招生专业生均教学科研仪器设备值9.05万元。2024年6月着手构建以绿色建造技术和智慧工程管理为特色的绿色建造专业群，工程造价专业是重要的组成专业，未来随着对专业群建设投入的增加，造价专业的投入还会相应增长。 3. 拥有国家级实训基地，积极拓展校外实践 依托国家级土木建筑工程校企共建生产性实训基地"建筑工程技术中心"，建设面积9 517平方米，拥有工程综合造价实训室、计量计价实一体实训室、智慧工地模拟平台技术中心等30余个实训场所，为开展专业实践教学提供有力保障。 把产教融合水平作为衡量专业成绩的试金石，加强校外实训基地建设力度，建有与邢台建工商品混凝土有限公司、邢台市政建设集团股份有限公司、河北建设集团股份有限公司等41家校企深度合作的校外实训基地，为学生提供了丰富的实践机会，能够在真实的工作环境中锻炼和提升自己的能力，为培养复合型人才奠定了坚实的基础。

续表

| 技术研发与社会服务基础概要 | 1. 形成省—市—校三级科研平台体系，科研能力提升
以国家级土木建筑工程校企共建生产性实训基地、河北省装配式钢结构应用技术协同创新中心为依托，设有邢台市装配式建筑技术创新中心（市级）、邢台市建筑垃圾资源化利用技术创新中心（市级）以及智能建造技术中心（校级）、建筑 BIM 技术中心（校级），形成省—市—校三级科研平台体系，充分发挥其在学科发展、自主创新和人才培养等方面的支撑作用。以应用技术研发中心为依托，设有校级工程造价信息化管理创新团队，在工程造价等方面开展技术研发，为企业提供高层次技术技能人才，提升企业的核心竞争力和影响力。
2. 立足行企需求，开展技术研发
基于工程造价领域的技术研发方向和趋势，依托省—市—校三级科研平台体系，扎实推进科研能力提升，不断提高技术研发的质量和效率。科研创新团队完成省部级教研项目20项，横向技术服务额累计 221.85 余万元，公开发表 SCI、EI 等收录论文 8 篇，发表全国中文核心期刊论文 40 余篇。第一完成人完成发明专利授权 4 项、实用新型专利 11 项，推动了行业技术的创新和进步，也为自身的科研能力和服务水平提升奠定了坚实的基础。
3. 培训服务全面，社会效益明显
工程造价专业围绕产业关键技术、中小微企业技术创新、产品升级和企业实际遇到的技术难题，深入推进校企协同技术创新，促进工程造价专业教科研水平。为企业提供技术服务30 余次，走访企业 50 余次，与企业联合开展技术项目研发 8 项。专业面向行业企业和社会开展成人职业培训人次为 2022 年 918 人、2023 年 902 人、2024 年 770 人。本专业在校生人数2022 年 454 人、2023 年 438 人、2024 年 249 人。2022~2024 三年专业面向行业企业和社会开展职业培训人次大于本专业在校生人数的 2 倍。通过校企合作、技术培训、联合研发等多种形式，本专业不仅为企业培养了大量高层次技术技能人才，还推动了行业技术的进步和产业的升级，为区域经济发展和社会繁荣做出了积极贡献。 |

模块四

工程造价专业人才培养方案

一、专业名称(专业代码)

工程造价(240501)

二、培养目标

本专业培养能够践行社会主义核心价值观,德智体美劳全面发展,具有一定的科学文化水平,良好的人文素养、科学素养、职业道德,鲜明的军工精神、工匠精神,一定的国际视野,胜任科技成果与实验成果转化工作,掌握工程项目评价、造价政策文件、工程量清单及定额应用原理、工程合同及成本管理的基础知识,具备工程造价确定、管理及控制专业技能,具备数字化适应能力、复杂问题解决能力和可持续发展能力,面向绿色建造产业的工程造价咨询行业(属于工程管理服务行业)的工程造价工程技术人员的工程造价师岗位,从事大型或复杂工程城市更新项目、新建项目(民用建筑工程/工业建筑工程/安装工程/市政工程/园林绿化工程/仿古建筑/房屋修缮工程)投资决策分析与评价、编制估概算预结算决算、工程招投标、合同管理、成本管理及控制、项目后评价的全过程造价咨询工作的高层次技术技能人才。

三、入学基本要求

中等职业学校毕业、普通高级中学毕业或具备同等学力

四、学制与学位

基本学制:4年
修业年限:3～6年
授予学位:工学学士

五、职业面向

表 4-1 为工程造价专业职业面向表。

表 4-1　工程造价专业职业面向表

所属专业大类(代码)A	土木建筑大类(24)
所属专业类(代码)B	建设工程管理类(2405)
对应行业(代码)C	工程技术与设计服务(748)—工程管理服务(7481)
主要职业类别(代码)D	工程造价工程技术人员(2-02-30-10)
主要岗位(群)或技术领域举例 E	主要岗位：工程造价师
职业类证书举例 F	造价工程师、工程造价数字化应用、建筑信息模型BIM(工程管理方向)、建筑工程识图

六、培养规格

(一) 素质目标

1. 坚定拥护中国共产党领导和中国特色社会主义制度，以习近平新时代中国特色社会主义思想为指导，践行社会主义核心价值观，具有坚定的理想信念、深厚的爱国情感和中华民族自豪感。

2. 能够熟练掌握与本专业从事职业活动相关的国家法律、行业规定，遵守职业道德准则和行为规范，具备强烈的社会责任感、较强的集体意识和团队合作能力，甘于奉献，勇于担当，吃苦耐劳，做事果断，执行有力。

3. 掌握支撑本专业学习和可持续发展必备的数学、物理、英语、语文等文化基础知识，具有扎实的科学素养与人文素养，具备职业生涯规划能力。

4. 具有参与制定工程造价咨询服务技术方案的能力，能够从事技术研发、科技成果或实验成果转化。

5. 具有良好的语言表达能力、文字表达能力、沟通合作能力，学习一门外语并结合专业加以运用。具有一定的国际视野和跨文化交流能力。

6. 具有探究学习、终身学习能力，能够适应新技术、新岗位的要求。具有批判性思维、创新思维、创业意识,具有较强的分析问题和解决问题的能力。

7. 掌握基本身体运动知识和至少一项运动技能,达到国家大学生体质测试合格标准,养成良好的运动习惯、卫生习惯和行为习惯。具备一定的心理调适能力。

8. 掌握必备的美育知识,具有一定的文化修养、审美能力,发展至少一项艺术特长或爱好。

9. 弘扬劳动光荣、技能宝贵、创造伟大的时代精神,热爱劳动人民、珍惜劳动成果、树立劳动观念、积极投身劳动,具备与本专业职业发展相适应的劳动素养、劳动技能。

(二) 知识目标

10. 掌握建筑构造、建筑力学、建筑结构基本知识。

11. 掌握建筑、安装施工图纸组成,能够根据需要查询施工图集,具有识读大型或复杂工程图纸的能力;熟练掌握CAD软件制图基本操作命令。

12. 认识土木工程材料,了解土木工程材料性质,能够识别施工图纸中工程材料名称。土木工程材料包括:建筑材料、装配式钢结构构件、装配式混凝土预制构件、周转材料、装饰材料、安装材料、市政材料、苗木。

13. 熟练掌握Revit等建筑信息模型建模软件操作流程,能够依据中小型项目施工图纸对建筑模型、结构模型进行翻模。

14. 掌握建筑工程、装配式钢结构、装配式混凝土结构、安装工程、装饰工程、市政工程、园林工程施工知识,熟悉施工工艺。

15. 理解运筹学的基本模型与方法,掌握运筹学整体优化的思想和若干定量分析的优化技术,具有一定的定量分析、应用和解决管理实际问题的能力。

16. 理解管理学的决策、计划、组织设计、人员配备、组织变革、领导、激励、沟通、控制、创新等管理活动过程,掌握管理的一般规律。

17. 掌握工程项目质量、成本、进度控制理论及基本方法,掌握信息管理、合同管理理论及基本方法,了解组织协调基本方法。

18. 掌握城市改造与更新项目施工图识图及工程施工知识,了解施工工艺。

19. 掌握景观工程、仿古建筑项目施工图识图及工程施工知识,了解施工工艺。

以上 15~16 为职业本科工程造价专业人才的职普横向融通、纵向贯通必备的专业基础知识。

(三) 能力目标

20. 熟练掌握计量规则及造价费用计算流程,能熟练使用清单规范、消耗量定额进行建筑工程、装饰工程、安装工程、装配式建筑计量与计价,编制招标、投标计量计价文件。

21. 熟练掌握计量与计价数字化软件操作流程,能准确运用数字技术,考虑社会与环境、安全与健康、法律与文化等因素,对大型或复杂项目进行建筑工程、装饰工程、安装工程完成计量与计价,对复杂技术问题提出合理化解决方案。

以上 20~21 为工程造价专业人才的基本能力。

22. 具备材料设备询价能力,能协助完成投标数据库的建立更新,具备编制企业消耗量数据的能力。

23. 具有工程项目财务评价及设计方案技术经济比选的能力。

24. 具有编制及审核工程项目估算、设计概算、工程进度款结算、竣工决算,实施工程造价审计的能力。

25. 熟悉合同法、招投标法相关法律法规,了解造价管理、成本管理相关法规及标准,具有编制和审查工程招投标策划方案、组织实施招投标工作,拟定合同价款的能力。

26. 具有适应产业数字化发展需求的基本数字技能,掌握信息技术基础知识、专业信息技术能力,能利用建筑信息模型 BIM 等技术,编制施工组织设计文件,进行施工阶段工程项目管理。

以上 22~26 为工程造价专业人才的核心能力。

27. 能在决策、设计、招投标、施工、竣工等不同阶段实施工程造价控制。

28. 了解工程造价咨询产业发展现状、趋势及相关产业文化。掌握绿色生产、环境保护、安全等相关知识,具有质量意识、环保意识、安全意识和创新思维。具有编制项目可研报告,开展 EPC/BOT/PPP 等不同模式项目全过程造价咨询服务的能力。

以上 27～28 为工程造价专业人才的发展能力。

29. 能熟练使用清单规范、消耗量定额进行房屋修缮工程、市政工程计量与计价，编制招标、投标计量计价文件。

30. 能熟练使用清单规范、消耗量定额进行园林绿化工程、仿古建筑工程计量与计价，编制招标、投标计量计价文件。

以上 29～30 为工程造价专业人才的专业方向能力，分城市更新方向、城市美化与文化遗产保护方向。

七、主要课程

1. 开设的主要课程与实践环节

主干课程：建筑工程计量与计价、装饰工程计量与计价、建筑水暖电工程计量与计价、通风空调工程计量与计价、装配式建筑工程计量与计价、建筑工程造价数字化应用、安装工程造价数字化应用、工程经济、数据分析与定额编制、工程估概算管理、工程项目招投标实务、工程结算与审计、全过程工程造价控制、工程管理 BIM 技术应用、全过程造价咨询实务。高等数学 AⅠ（工科类专业）、高等数学 AⅡ（工科类专业）、线性代数、概率论与数理统计、大学物理 A、大学物理实验 A、建筑构造、建筑力学与结构、工程识图与 CAD、土木工程材料、土木工程施工、装配式建筑施工、建筑信息模型建模、运筹学、管理学、工程项目管理。

实践项目：

（1）校内实训：土木工程施工实习；

（2）课程项目实践：中型项目建筑工程计量与计价实习、中型项目安装工程计量与计价实习；

（3）课程群项目实践：大型复杂项目计量与计价（数字化手段）实习、新建/城市更新项目全过程造价控制及咨询服务实习、毕业设计；

（4）企业实习：认识实习、岗位实习、毕业实习。

2. 专业核心课程主要教学内容与要求

表 4-2 为工程造价专业核心课程主要教学内容与要求。

表 4-2　工程造价专业核心课程主要教学内容与要求

序号	工作领域	专业核心课程	工作任务描述	主要教学内容
1	工程造价确定	建筑工程计量与计价	①负责项目工程量计算,编制工程量计算书。②负责组织、编制及审核开发项目的施工图预算。③编制招标文件、投标文件。	①了解工程计价概念体系、工程计价原理、工程量的含义及计算意义、工程计价基础。掌握建筑安装工程费用的构成。②工程量计算与面积测算:精通建筑面积的计算方法,确保面积测算的准确性。③定额与单价管理:熟悉定额的概念、种类及其使用方法,能够灵活运用定额进行工程计价。④掌握编制工程量清单、招标控制价和投标报价的方法。
2		建筑工程造价数字化应用	①运用数字化技术建立信息模型。②运用云计算技术进行算量计价。③运用数字化技术编制造价文件。④运用5D技术进行成本管控。	①了解工程造价数字化的概念和发展以及常用软件的类型和硬件需求。②熟悉工程造价数字化在设计阶段、交易阶段、施工阶段和结算阶段的应用目的、方向、内容。③掌握基于数字化技术的工程造价软件建立三维信息模型,计算建筑工程量,编制工程量清单、招标控制价、投标报价和工程结算等造价文件的方法。④掌握云检查、云指标等云功能,进行数字化成本管控。
3	工程造价管理及控制	工程经济	①能够进行项目定位、投资分析和财务评价。②制定融资方案。③构建财务模型,进行技术经济分析。	①了解工程经济学的基本原理和工程经济分析的基本思路。②掌握资金的时间价值、现金流量分析方法。③熟悉建设项目投资及构成、成本费用、经营成本、营业收入、营业税金及附加、利润与企业所得税。④熟悉经济评价指标、基准收益率的确定和方案经济评价的方法。⑤掌握风险与不确定性分析、建设项目可行性研究、财务分析、费用效益分析、费用效果分析、设备更新分析的方法。⑥掌握价值工程的原理、实施步骤和方法。
4		数据分析与定额编制	①负责市场调研与询价工作。②收集行业信息与政策并分析。③编制企业消耗量数据,更新和维护投标数据库。	①了解企业定额的概念与作用、施工过程和工作时间研究。②熟悉技术测定法、定额的理论计算法、定额编制的简易方法、定额编制方案。③掌握人工定额编制方法、材料消耗定额编制方法、机械台班定额编制方法、企业定额编制方法。④了解数据分析概念和作用、大数据运用的方法。⑤掌握运用大数据技术分析数据、建立企业定额消耗量数据库、编制定额的方法。

续表

序号	工作领域	专业核心课程	工作任务描述	主要教学内容
5	工程造价管理及控制	工程项目招投标实务	①参与招标工作的全过程管理,具有编制开标、评标资料的能力,能够制作投标文件。②参与工程施工合同的拟定,对合同书中有关工程造价部分内容进行复核把关。③根据资料进行单价分析与成本管控。	①了解招投标基本概念与原则。②掌握招投标的流程,开标、评标与定标的方法与标准。③掌握合同的签订、管理、变更、索赔与争议解决。④掌握工程项目中各项费用价格的确定和成本的估概算。
6		工程结算与审计	①运用工程变更资料进行索赔计算和工程结算编制。②运用项目资料进行竣工决算。③运用项目资料和管理知识对工程成本编制进行管理。④运用项目资料和审计知识进行工程审计。	①了解工程结算概念、种类和程序。②掌握工程预付款、进度款、竣工结算、最终结清的计算与支付方法。③掌握合同价款调整方法,掌握工程结算编制与审核方法。④掌握工程竣工决算编制和成本管理的方法。⑤熟悉工程审计的概念、特点及相关法律法规、工程审计实施方案。⑥了解工程项目投资决策、工程项目勘察设计、工程项目财务、工程项目绩效审计的方法。⑦掌握工程项目招标投标、工程项目合同、工程造价审计的方法。
7		全过程工程造价控制	①通过投资估算,确定建设项目的预期投资额,进行投资方案的比选和项目财务评价。②通过综合评价法、静态评价法、动态评价法、价值工程进行设计方案比选和优化,审查设计概算和施工图预算。③计算工程价款,进行投资偏差分析来进行工程造价控制。	①了解决策阶段工程造价控制,学习投资估算,确定建设项目的预期投资额。②掌握设计阶段工程造价控制的重点,学习综合评价法、静态评价法、动态评价法、价值工程等方法。③了解交易阶段招投标方式,确定招标控制价、投标报价,控制项目中标价。④掌握施工阶段工程变更、索赔调整合同价,计算工程价款。⑤了解竣工阶段工程造价的控制,采用编制竣工工程价款结算和竣工决算报表确定新增资产价值。
8		全过程造价咨询实务	①运用全过程咨询手段开展项目决策、勘察设计、招标采购、工程施工、竣工验收、运营维护六阶段咨询协同管理。②利用全过程工程咨询工具实施项目决策、勘察设计、招标采购、工程施工、竣工验收、运营维护六阶段组织、质量、风险、信息管理。	①了解工程咨询的产生与发展、全过程咨询项目的界定、控制机制。②熟悉全过程工程咨询组织模式、常用工具、操作流程。③掌握决策阶段、勘察设计阶段、招标采购阶段、施工阶段、竣工阶段、运营阶段和合同管理等阶段工程咨询的模式、服务特征、服务内容、实施方式和协同管理的方法。④掌握EPC模式下的投资管控方法。

八、毕业标准

1. 学分要求：最低毕业学分要求为 180 学分，其中学位课程 67 学分。学生达到《河北科技工程职业技术大学学士学位授予工作细则》要求，可获得工学学士学位。

2. 职业资格证书：获得至少一项职业技能等级证书，包括一级注册造价工程师、"1+X"工程造价数字化应用职业技能等级证书（高级）、"1+X"建筑信息模型 BIM 职业技能等级证书（高级）或其他与专业相关的高级职业技能等级证书。

九、课程结构

表 4-3 为课程结构。

表 4-3 课程结构

课程类别		学分 理论	学分 实践	学分占比	学时 理论	学时 实践	学时占比
平台	通识课程平台	42.5	10.5	29.44%	686	336	29.88%
	专业基础课程平台	38.5	8.5	26.11%	616	152	22.46%
模块	专业能力模块	17	26	23.89%	272	416	20.12%
	个性选修模块	6	6	6.67%	96	96	5.61%
	综合实践模块	0	25	13.89%	0	750	21.93%
合计		104	76		1 670	1 750	
第二课堂		10	—	—	—	—	—
毕业最低学分		第一课堂 180 学分、第二课堂 10 学分					

十、课程设置与教学进程表

本部分内容为工程造价专业课程设置即教学进程情况，内容包括：表 4-4 通识课程平台，表 4-5 专业基础课程平台，表 4-6 专业能力模块，表 4-7 个性选修模块，表 4-8 综合实践模块。

表 4-4 通识课程平台

课程类型		序号	课程名称	课程性质	学分	总学时	课内教学 理论学时	课内教学 实践学时	授课方式	考核类型	第一学年 秋 15周	第一学年 春 19周	第二学年 秋 19周	第二学年 春 18周	第三学年 秋 16周	第三学年 春 17周	第四学年 秋 14周	第四学年 春 0周
通识课程平台	通识必修课程	1	思想道德与法治	必修	2.5	40	40		讲授	考试	3							
		2	思想道德与法治实践课	必修	0.5	8		8	实践	考查	*							
		3	中国近现代史纲要	必修	2.5	40	40		讲授	考试		3						
		4	中国近现代史纲要实践课	必修	0.5	8		8	实践	考查		*						
		5	马克思主义原理	必修	3	48	48		讲授	考试			3					
		6	毛泽东思想和中国特色社会主义理论体系概论	必修	2.5	40	40		讲授	考试				3				
		7	毛泽东思想和中国特色社会主义理论体系概论实践课	必修	0.5	8		8	实践	考查				*				
		8	习近平新时代中国特色社会主义思想概论Ⅰ	必修	1.5	24	24		讲授	考试					2			
		9	习近平新时代中国特色社会主义思想概论Ⅱ	必修	1	16	16		讲授	考试						2		
		10	习近平新时代中国特色社会主义思想概论实践课	必修	0.5	8		8	实践	考查						*		
		11	形势与政策	必修	2	48	48		讲授	考查	每学期8学时							

续表

课程类型	序号	课程名称	课程性质	学分	总学时	理论学时	实践学时	授课方式	考核类型	第一学年 秋 15周	第一学年 春 19周	第二学年 秋 19周	第二学年 春 18周	第三学年 秋 16周	第三学年 春 17周	第四学年 秋 14周	第四学年 春 0周
通识课程平台 通识必修课程	12	体育Ⅰ	必修	1	32	8	24	讲授实践	考查	2							
	13	体育Ⅱ	必修	1	32	8	24	讲授实践	考查		2						
	14	体育Ⅲ	必修	1	32	8	24	讲授实践	考查			2					
	15	体育Ⅳ	必修	1	32	8	24	讲授实践	考查				2				
	16	大学生心理健康教育	必修	1	16	14	2	讲授	考查								
	17	军事训练	必修	2	112	0	112	实践	考查	2w							
	18	大学生军事理论	必修	2	32	32		讲授	考查	2							
	19	劳动教育	必修	1	16	16		讲授	考查	2							
	20	公益劳动	必修	1	30		30	实践	考查			1w					
	21	⑫大学英语Ⅰ	必修	4	64	48	16	讲授	考试	4							
	22	⑫大学英语Ⅱ	必修	4	64	48	16	讲授	考试		4						
	23	大学英语Ⅲ	必修	2	32	24	8	讲授	考试			2					
	24	大学英语Ⅳ	必修	2	32	24	8	讲授	考试				2				

续表

课程类型	序号	课程名称	课程性质	学分	总学时	理论学时	实践学时	授课方式	考核类型	第一学年 秋	第一学年 春	第二学年 秋	第二学年 春	第三学年 秋	第三学年 春	第四学年 秋	第四学年 春
										15周	19周	19周	18周	16周	17周	14周	0周
通识必修课程	25	人工智能基础	必修	2	32	32	0	讲授实践	考试			2					
	26	信息技术基础	必修	1	16	12	4	讲授实践	考试	2							
	27	大学生职业发展规划	必修	1	16	12	4	讲授	考查								
	28	大学生就业指导	必修	1	16	8	8	讲授	考查					2			
	29	创新创业基础	必修	2	32	32	0	讲授	考查		2						
		小计		47	926	590	336			15	13	11	7	2	4		
通识选修课程	1	人文社科类《《沟通与表达》《中华优秀传统文化》应用文写作《中华优秀传统文化》至少选修1门）	任选	2	32	32	0	讲授	考查						2		
	2	艺术与美育类	任选	2	32	32	0	讲授	考查								
	3	经济管理类	任选	2	32	32	0	讲授	考查								
		小计		6	96	96	0										
通识课程平台		合计		53	1 022	686	336			15	13	11	7	2	4		

模块四　工程造价专业人才培养方案

表4-5　专业基础课平台

课程类型	序号	课程名称	课程性质	学分	总学时	理论学时	实践学时	授课方式	考核类型	第一学年 秋 15周	第一学年 春 19周	第二学年 秋 19周	第二学年 春 18周	第三学年 秋 16周	第三学年 春 17周	第四学年 秋 14周	第四学年 春 0周
专业基础课程平台	1	㊣高等数学AⅠ(工科类专业)	必修	5	80	80	0	讲授	考试	5							
	2	㊣高等数学AⅡ(工科类专业)	必修	5	80	80	0	讲授	考试		5						
	3	线性代数	必修	2	32	32	0	讲授	考试			2					
	4	概率论与数理统计	必修	2	32	32	0	讲授	考试				2				
	5	大学物理A	必修	3	48	48	0	讲授	考查		4						
	6	大学物理实验A	必修	1	32		32	实践	考查			2					
	7	建筑构造	必修	3	48	48		讲授	考试	4							
	8	建筑力学与结构	必修	4	64	64		讲授	考试	4							
	9	工程识图与CAD	必修	3	48	32	16	讲授	考试			4					
	10	土木工程材料	必修	3	48	24	24	讲授	考试				4				
	11	㊣土木工程施工	必修	3	48	24	24	讲授	考试				4				
	12	装配式建筑施工	必修	3	48	24	24	讲授	考查				2				
	13	建筑信息模型建模	必修	2	32		32	实践	考查				2				
	14	㊣运筹学	必修	3	48	48		讲授	考试		4						
	15	㊣管理学	必修	3	48	48		讲授	考试			4					
	16	工程项目管理	必修	2	32	32		讲授	考试				2				
		合计		47	768	616	152			13	17	12	14				

161

表 4-6 专业能力模块

课程类别	序号	课程名称	课程性质	学分	总学时	理论学时	实践学时	授课方式	考核类型	第一学年 秋 15周	第一学年 春 19周	第二学年 秋 19周	第二学年 春 18周	第三学年 秋 16周	第三学年 春 17周	第四学年 秋 14周	第四学年 春 0周
工程造价确定	1	学★建筑工程计量与计价	必修	4	64	32	32	讲授实践	考试								
	2	装饰工程计量与计价	必修	2	32	16	16	讲授实践	考试					4			
	3	学建筑水暖电工程计量与计价	必修	3	48	24	24	讲授实践	考试					2			
	4	通风空调工程计量与计价	必修	2	32	16	16	讲授实践	考试					4			
	5	装配式建筑工程计量与计价	必修	3	48	24	24	讲授实践	考试					2			
	6	学★建筑工程造价数字化应用	必修	5	80		80	实践	考查						5		
	7	学安装工程造价数字化应用	必修	4	64		64	实践	考查						4		
		小计		23	368	112	256							16	9		
工程造价管理及控制	1	学★工程经济	必修	3	48	24	24	讲授实践	考试					4			
	2	学★数据分析与定额编制	必修	2	32	16	16	讲授实践	考试					2			

续表

课程类别	序号	课程名称	课程性质	学分	总学时	课内教学 理论学时	课内教学 实践学时	授课方式	考核类型	第一学年 秋 15周	第一学年 春 19周	第二学年 秋 19周	第二学年 春 18周	第三学年 秋 16周	第三学年 春 17周	第四学年 秋 14周	第四学年 春 0周
专业能力模块 工程造价管理及控制	3	工程估概算管理	必修	2	32	16	16	讲授实践	考试						2		
	4	★工程项目招投标实务	必修	2	32	16	16	讲授实践	考试						2		
	5	★工程结算与审计	必修	2	32	16	16	讲授实践	考试						2		
	6	⑨★全过程工程造价控制	必修	3	48	24	24	讲授实践	考试							4	
	7	工程管理BIM技术应用	必修	3	48	24	24	讲授实践	考试						4		
	8	⑨★全过程造价咨询实务	必修	3	48	24	24	讲授实践	考试							4	
小计				20	320	160	160							6	10	8	
合计				43	688	272	416							22	19	8	

表 4-7 个性选修模块

课程类型		序号	课程名称	课程性质	学分	总学时	课内教学 理论学时	课内教学 实践学时	授课方式	考核类型	第一学年 秋 15周	第一学年 春 19周	第二学年 秋 19周	第二学年 春 18周	第三学年 秋 16周	第三学年 春 17周	第四学年 秋 14周	第四学年 春 0周
个性选修模块	专业方向课程 城市更新方向	1	城市改造与更新施工技术	限选	2	32	16	16	讲授	考查						2		
		2	房屋修缮工程计量与计价	限选	2	32	16	16	讲授实践	考查							2	
		3	市政工程计量与计价	限选	2	32	16	16	讲授实践	考查							2	
	城市美化与文化遗产保护方向	1	园林景观绿化与仿古建筑施工技术	限选	2	32	16	16	讲授	考查						2		
		2	园林绿化工程计量与计价	限选	2	32	16	16	讲授实践	考查							2	
		3	仿古建筑工程计量与计价	限选	2	32	16	16	讲授实践	考查							2	
小计					6	96	48	48								2	8	

续表

课程类型		序号	课程名称	课程性质	学分	总学时	课内教学 理论学时	课内教学 实践学时	授课方式	考核类型	第一学年 秋 15周	第一学年 春 19周	第二学年 秋 19周	第二学年 春 18周	第三学年 秋 16周	第三学年 春 17周	第四学年 秋 14周	第四学年 春 0周
个性选修模块	新技术与跨学科课程	1	Python编程	任选	2	32	16	16	讲授实践	考査							2	
		2	建筑物联网技术与应用	任选	2	32	16	16	讲授实践	考査							2	
		3	3D打印技术	任选	2	32	16	16	讲授实践	考査							2	
		4	建筑结构修复技术	任选	2	32	16	16	讲授实践	考査							2	
		5	建筑节能技术	任选	2	32	16	16	讲授实践	考査							2	
		6	智能防灾减灾	任选	2	32	16	16	讲授实践	考査							2	
	职业技能训练课程	1	造价工程师(一级)	任选	2	32	16	16	讲授实践	考査							2	
		2	工程造价数字化应用(高级)	任选	2	32	16	16	讲授实践	考査							2	
		3	建筑信息模型BIM(工程管理方向)(高级)	任选	2	32	16	16	讲授实践	考査							2	
		4	建筑工程识图(高级)	任选	2	32	16	16	讲授实践	考査							2	
小计					6	96	48	48									6	
合计					12	192	96	96								2	14	

专业拓展课程

表 4-8 综合实践模块

项目类别		名称	课程性质	学分	学年	学期安排	开设周次	成果形式	场所
校内实训		土木工程施工实习	必修	1	第二学年	夏季	1	实习报告	校内
项目实践	课程项目	中型项目建筑工程计量与计价实习	必修	1	第二学年	秋季	18	工程造价文件	校内
		中型项目安装工程计量与计价实习	必修	1	第二学年	秋季	19	工程造价文件	校内
		大型复杂项目计量与计价(数字化手段)实习	必修	3	第三学年	夏季	1~3	全过程专业造价文件	校内
	课程群项目	新建/城市更新项目全过程造价控制及咨询服务实习	必修	2	第四学年	秋季	18~19	企划方案;全过程造价咨询服务报告	校内+企业
		㊎毕业设计(论文)	必修	10	第四学年	春季	7~16	毕业设计或毕业论文	企业
企业实习		认识实习	必修	1	第一学年	夏季	1	实习报告	企业
		岗位实习	必修	4	第四学年	春季	1~4	实习报告或实习成果	企业
		毕业实习	必修	2	第四学年	春季	5~6	实习报告	企业
合计				25					

十一、实施保障

实施保障主要包括师资队伍、实验实训条件、教学资源、质量保障。

(一) 师资队伍

本专业教学团队师资雄厚,有专任教师 17 名,师生比 1∶14.7;其中教授 3 人,副教授 6 人,占比 52.9%;全部教师具有硕士学位,其中博士学位 3 人,占比 17.7%。"双师型"教师 15 人,占比 88.2%。聘请企业一线兼职教师 5 名,均为高级工程师,承担专业课授课学时占专业课总学时的 22.89%,具有丰富的专业实践经验,实现资源对接,优化师资结构。

(二) 实验实训条件

1. 校内实验实习条件

建筑工程技术中心建设面积 9 517 平方米,仪器设备总值 1 010 万元,其中可用于专业核心实训项目教学实验设备总价值 724.18 万元,专业生均教学科研仪器设备值 4.01 万元。技术中心拥有工程综合造价实训室、计量计价理实一体实训室、智慧工地模拟平台技术中心等 30 余个实训场所,为开展专业实践教学提供有力保障。近几年,学校和建筑工程系不断加大对校内实验实习条件的资金投入。

2. "1+X"职业技能等级考试条件

建筑工程系是全国"1+X"职业技能等级建筑施工工艺实施与管理证书河北省省级考务管理中心,拥有 BIM、建筑工程识图、数字造价、装配式构件制作与安装等多个"1+X"考核站点。

3. 校外主要合作单位情况

建有与中基华工程管理集团有限公司、邢台建工商品混凝土有限公司等 41 家校企深度合作的校外实训基地。依据产教融合实践共同体框架协议拟开展现代学徒制模式试点，满足工程造价学生专业综合实训和岗位实习需求。作为全国绿色施工行业、全国土木双碳行业、全国装配式建筑、全国智能建造等4家产教融合共同体副理事长单位，协同企业协会开展技术攻关和创新，共同开发教学资源、教学装备、技术服务、实践能力项目和社会培训项目，实现校企、高校对接。

此外，工程造价专业围绕产业关键技术、中小微企业技术创新、产品升级和企业实际遇到技术难题，深入推进校企协同技术创新、联合攻关和成果转化，促进工程造价专业教科研水平的提高。

(三) 教学资源

1. 教材选用基本要求

按照国家规定选用优质教材，禁止不合格的教材进入课堂。学校应建立专业教师、行业专家和教研人员等参与的教材选用机构，完善教材选用制度，经过规范程序择优选用教材。

2. 图书文献配备基本要求

图书文献配备能满足人才培养、专业建设、教科研等工作的需要，方便师生查询、借阅。专业类图书文献主要包括：与建筑工程专业核心专业领域相适应的图书、期刊、资料、规范、标准、建筑法律法规、图集、定额及工程案例图纸等。

3. 数字教学资源配置基本要求

建设、配备与本专业有关的音视频素材、教学课件、数字化教学案例库、虚拟仿真软件、数字教材等专业教学资源库，应种类丰富、形式多样、使用便捷、动态更新，能满足教学要求。

(四) 质量保障

1. 学校、系(二级学院)建立专业建设和教学过程质量监控机制，健全专业教学质量监控管理制度，完善课堂教学、教学评价、实习实训、毕业设计以及专业调研、人才培养方案更新、资源建设等方面质量标准建设，通过教学实施、过程监控、质量评价和持续改进,保障人才培养实施。

2. 学校、系(二级学院)完善教学管理机制,加强日常教学组织运行与管理,定期开展课程建设水平和教学质量诊改,建立健全巡课、听课、评教、评学等制度,严明教学纪律和课堂纪律,强化教学组织功能,定期开展公开课、示范课等教研活动。

3. 学校建立专业毕业生跟踪反馈机制及社会评价机制,并对生源情况、在校生学业水平、毕业生就业情况等进行分析,定期评价人才培养质量和培养目标达成情况。各专业教研组织充分利用评价分析结果有效改进专业教学,针对人才培养过程中存在的问题,制定诊断与改进措施,持续提高人才培养质量。

十二、相关课程图表

图 4-1 为课程地图,表 4-9 为教学环节进度表(本科),表 4-10 为第二课堂列表。

相关核心课程标准见附录。

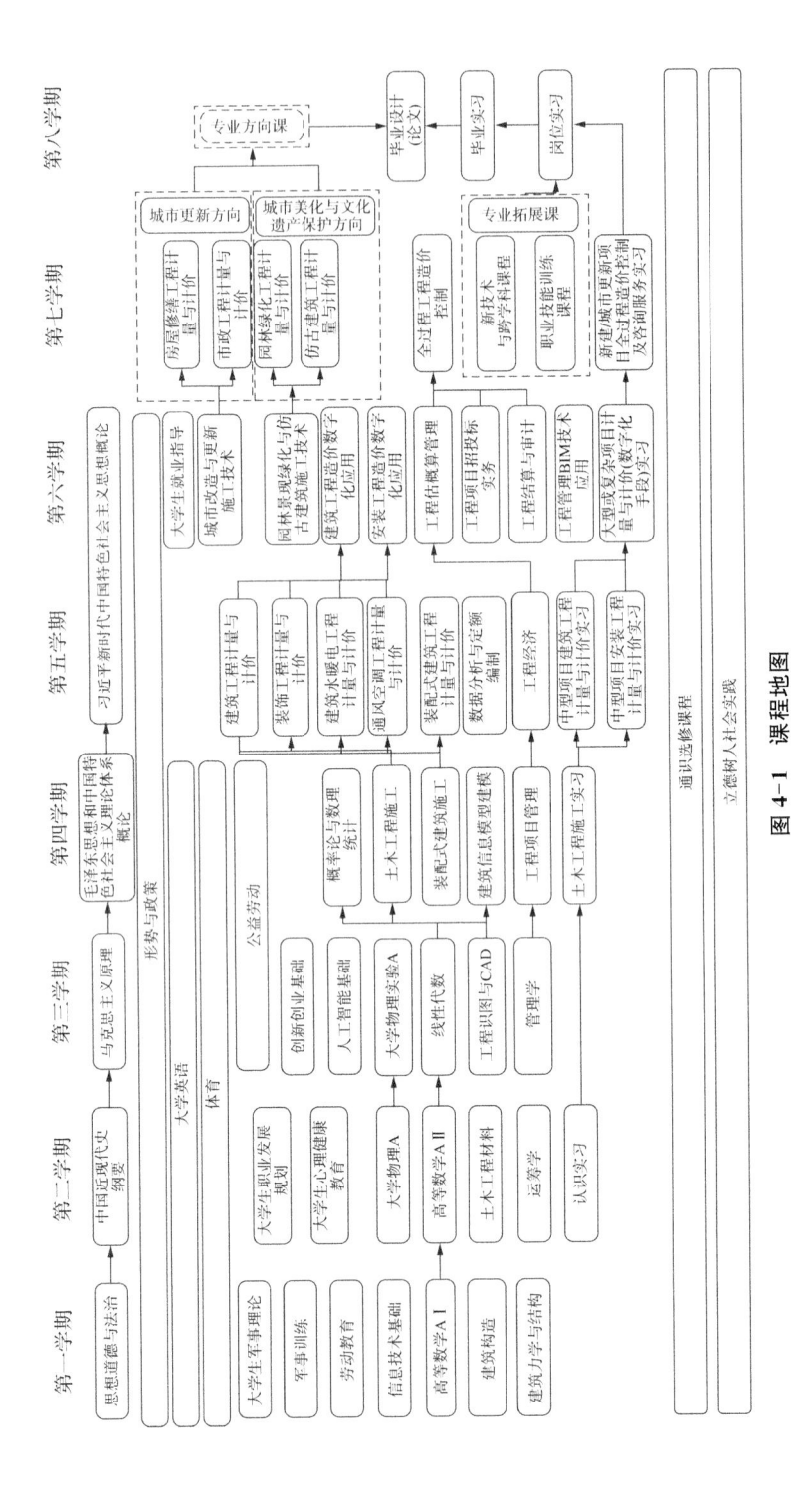

基于社会需求的工程造价职业本科专业人才培养方案研制

图 4-1 课程地图

表 4-9　教学环节进度表（本科）

（2024 年 9 月 8 日—2027 年 6 月 17 日）

周次\学年	1	2	3	4	5	6	7	8	9	10	11	12	13	14	15	16	17	18	19	20	21	22	23	24	25	26	27	28	29	30	31	32	33	34	35	36	37	38	39	40	41	42	43	44	45	46	47	48	49	50	51	52
Ⅰ	11 18 25 1 九 8 15 22 29 七 6 13 20 27 十一 3 10 17 24 十二 1 8 15 22 ∷ ∷ ∷ 2 9 16 23 三 1 8 15 22 29 四 5 12 19 26 五 3 10 17 24 31 六 7 14 21 28 七 5 12 19 26 八 3
	17 24 31 7																																																			
Ⅱ	报到 ▲ ▲ 九 7 14 21 28 十 5 12 19 18 25 十一 2 9 16 23 30 十二 7 14 21 28 ∷ ∷ 4 11 18 25 ∷ 春节 ∷ ∷ 3 10 17 24 三 3 10 17 24 31 四 7 14 21 28 五 5 12 19 26 六 2 9 16 23 30 七 7 14 21 28 八 4 11 18 25 ∷ ∷ ∷
					15								19									26																														
Ⅲ	9 16 23 30 九 6 13 20 27 十 4 11 18 25 十一 1 8 15 22 29 十二 6 13 20 27 ∷ ∷ 3 10 17 ○ 春节 ∷ ∷ ∷ 2 9 16 23 三 2 9 16 23 30 四 6 13 20 27 五 4 11 18 25 六 1 8 15 22 29 七 6 13 20 27 八 3 10 17 24 31 ∷
																		16					27																													
Ⅳ	8 15 22 29 九 5 12 19 26 十 3 10 17 24 31 十一 7 14 21 28 ○ 十二 5 12 19 26 ∷ ∷ ○ 9 16 23 ∷ ∷ ∷ ○ ○ 1 8 15 22 ○ ○ ○ ○ 5 12 19 26 五 2 9 16 23 30 六 6 13 20 27 七 4 11 18 25 1 8
												14									28																						● ●								

符号说明：考试×，专业实习 实训○，毕业设计、课程设计、毕业答辩●，军训▲，假期∷

表 4-10　第二课堂列表

模块名称	项目说明	备注
思政素养	参与主题团日活动、思想引领类相关赛事、思想政治理想信念主题报告会、学生骨干培训、"青马工程"培训班等	由学生处、团委审核认定
创新创业实践	参与建筑工程前沿知识讲座与培训 参与专利、论文、课题申报等讲座 参与大学生创业实践 参与系部认定的科研团队 作品参赛 发表建筑工程专业相关论文与专利 申报大学生科技类课题 参与技术服务等	由系部明确项目清单、审核认定
竞赛活动	建设工程数字化计量与计价类技能大赛 装配式建筑智能建造类技能大赛 建筑工程识图类技能大赛 建筑信息模型与应用类技能大赛 "互联网+"创新创业类大赛 TIRZ杯大学生创新方法类大赛 建筑工程类学科竞赛等	由系部明确项目清单、审核认定
体育锻炼	通过体质健康测试 参加体育类竞赛、日常校园体育活动	由体工部组织及认定
文艺活动	建工系演讲、朗诵、辩论等比赛 建工系书法、绘画、摄影等作品大赛 建工系田径运动会 建工系篮球、足球、羽毛球等联赛 建工系曲艺、歌唱、才艺展示等大赛 建工系元旦晚会 参加文化艺术类讲座、公益演出	由系部明确项目清单、审核认定
社会实践	参与暑假社会实践活动、志愿者服务、公益劳动等	由系部组织及认定

注：学生在校期间需获得10个以上第二课堂学分方可毕业。

附 录

附录一 《建筑水暖电工程计量与计价》课程标准

课程名称:《建筑水暖电工程计量与计价》
课程学分:3 学分　　　　　　　课程学时:48
课程类型:专业核心课　　　　　授课对象:三年级
所属专业:工程造价　　　　　　归口教研室:工程管理教研室

一、课程定位

《建筑水暖电工程计量与计价》课程是工程造价专业核心课,服务于造价员岗位"安装工程量计量、安装工程造价计算"这两项典型工作任务,主要讲授建筑电气、给排水、采暖安装专业定额计价预算文件的编制方法等内容,开展安装工程计量与计价任务训练,培养学生安装工程施工图预算编制能力。本课程共48 学时,后续课程是《安装工程造价数字化应用》。

二、课程目标

学生学完《建筑水暖电工程计量与计价》课程后,应能综合考虑施工工艺、计价依据、市场行情、施工方案等因素,对建筑水暖电安装项目正确计算工程量、单价、费用,得出施工图预算造价。具体应达到以下目标。

1. 了解我国建筑安装工程施工工艺发展阶段,培养民族自豪感。
2. 具有认真负责的工作态度、遵守行业标准规范的工作作风、为客户负责的成本意识和价值观,满足客户对预算准确、及时的要求。
3. 能与他人合作完成任务,具备较强的团结协作意识、组织协调能力以及沟通能力。
4. 了解国际先进工程造价工作模式,能创新性解决工作中遇到的实际问题。
5. 能够通读工程图纸,根据工程施工合同,确定电气、给排水、采暖安装工程造价编制范围。

6. 能够根据工程图纸、河北省消耗量定额工程量计算规则、施工规范、施工组织设计，列出电气、给排水、采暖安装专业预算项目，并准确计量其工程量。

7. 能够根据河北省消耗量定额预算价格、材料价格信息、地方调价文件，对工程预算项目进行计价，确定安装工程直接费。

8. 能够根据河北省费用定额、取费文件，对电气、给排水、采暖安装工程进行取费，计算管理费、利润、规费、税金等，最终确定预算工程造价。

9. 能够将计量、计价、取费、汇总工程造价的整个过程体现在预算文件中，编制完成安装专业定额计价预算文件。

三、职业能力与课程内容

附表 1-1 为课程职业能力与课程内容对照关系表。

附表 1-1　课程职业能力与课程内容对照关系

工作内容	职业能力分析	支撑能力的知识技能
1. 确定工程量	1.1　造价员依据安装工程图纸确定水暖电项目线路入户方式、走线方式等安装系统基本信息，并能根据系统基本信息确定管路长度计算参数。	1. 水暖电工程项目入户方式分类； 2. 水暖电工程项目走线方式分类； 3. 根据工程图纸，确定水暖电工程项目入户方式的程序； 4. 根据工程图纸，确定水暖电工程项目走线方式的程序。
	1.2　造价员依据工程图纸、施工工艺确定工程预算计量项目；在工作中重复立项、错误立项、漏项率控制在工程计量项目总数的±10%以内。	1. 工程量、工程计量项目、工程立项等概念； 2. 根据工程图纸、施工工艺，确定工程计量项目的系统化问题解决方法； 3. 填列计量项目表的程序。
	1.3　计算工程量，造价员根据工程图纸、工程量计算规则，计算工程项目工程量；在工作中工程量计算误差控制在实际工程量的±10%以内。	1. 工程量计算规则、计算参数概念； 2. 从河北省消耗量定额里查找相关工程量计算规则的程序； 3. 根据工程图纸、河北省定额工程量计算规则，确定工程量计算参数的程序； 4. 根据计算参数、河北省定额工程量计算规则，计算工程量的程序； 5. 整理工程量计算书的程序； 6. 整理工程量汇总表的程序。

续表

工作内容	职业能力分析	支撑能力的知识技能
2. 确定直接费	2.1 造价员依据定额、市场价格信息、工程量数据,计算定额直接工程费用;在工作中直接工程费用计算误差要控制在工程合同规定范围内。	1. 定额子目、单价、未计价材料、市场价格、定额消耗量等概念; 2. 影响材料费用的因素; 3. 根据计量项目,选择定额子目单价的系统化问题解决方法; 4. 根据计量项目、子目单价,计算定额子目费用的程序; 5. 根据项目工程量,计算未计价材料使用量的程序; 6. 根据未计价材料使用量、市场价格,计算未计价材料费用的程序; 7. 整理直接工程费预算表的程序。
	2.2 造价员依据定额、直接工程费,计算工程措施费用;在工作中工程措施费用计算误差要控制在工程合同规定范围内。	1. 工程措施费概念; 2. 工程直接费与工程措施费的关系; 3. 根据工程施工工艺,确定工程措施费计算项目的系统化问题解决方法; 4. 根据河北省消耗量定额,确定措施费工程量计算规则的程序; 5. 根据工程量计算规则,确定措施费的计算基础的程序; 6. 计算工程措施费的程序; 7. 整理工程措施费预算表的程序。
3. 计取费用	3.1 造价员依据费用定额、工程类别正确确定取费费率。	1. 取费、取费文件、工程类别的概念; 2. 河北省定额中含有哪些专业的取费文件; 3. 根据工程类别,确定取费费率的程序。
	3.2 造价员依据费用定额,通过取费过程,计算得到工程的企业管理费、规费、利润;计算基数及计算过程准确无误。	1. 企业管理费、规费、利润概念; 2. 企业管理费、规费、利润之间的关系; 3. 根据工程类别,确定企业管理费、规费、利润的费率的程序; 4. 根据河北省费用定额,确定企业管理费、规费、利润的计算基础的程序; 5. 计算企业管理费、规费、利润的程序。
	3.3 造价员依据市场价格信息,按照合同文件规定的方式计算价款调整(工程项目价差及独立费);计算误差控制在合同规定的范围内。	1. 价差、独立费概念; 2. 两种调整价差的方法名称; 3. 根据市场价格文件,确定价差的系统化问题解决方法; 4. 根据工程合同,确定独立费的系统化问题解决方法。

续表

工作内容	职业能力分析	支撑能力的知识技能
3.计取费用	3.4 造价员依据定额,计算工程项目的安全生产文明施工费;计算误差控制在合同规定的范围内。	1. 安全生产文明施工费概念; 2. 基本费与增加费之间的关系; 3. 根据河北省定额,计算基本费的程序; 4. 根据河北省定额,计算增加费的系统化问题解决方法。
	3.5 造价员根据税金计算流程计算工程项目税金;要求计税基数选取正确,计算方法正确。	1. 增值税、计税基数概念; 2. 根据河北省定额,确定增值税计税方法的程序; 3. 根据河北省定额,确定计税基数的程序。
	3.6 造价员依据定额的规定填列制式表格(工程费用计算表格);要求填列格式正确,项目完整,不丢项,不漏项,不重复立项,文字清晰。	1. 工程费用计算表概念; 2. 填列工程费用计算表的程序。

四、课程结构

《建筑水暖电工程计量与计价》课程共计48学时,按照任务难度由简单到复杂分为5类组合安装工程计量与计价学习任务,每个学习任务都是经教学化处理的真实完整工作任务。每个学习任务按照工作内容分为若干子任务,每个子任务承载一定的学习内容,对知识点、技能点明确了产出标准,具体见附表1-2课程结构解析。

附表1-2 课程结构解析

任务	子任务	学习内容	产出标准	学时
Ⅰ类组合单层建筑安装工程计量与计价	1. 确定系统基本信息	1. 插座回路走线方式分类; 2. 确定插座回路项目走线方式的程序。	1. 学生能在A4纸上画出插座回路电气配管的三维草图; 2. 能够在三维草图中正确标记重点位置的长度数据。	6
	2. 确定插座回路计量项目	1. 工程量、工程计量项目、工程立项等概念; 2. 确定插座回路工程计量项目的系统化问题解决方法。 3. 填列计量项目表的程序。	1. 学生能确定合理的工程计量项目;预算列项不出现重复立项、错误立项、漏项的情况; 2. 正确填列计量项目表。	

续表

任务	子任务	学习内容	产出标准	学时
Ⅰ类组合单层建筑安装工程计量与计价	3. 确定插座回路工程量	1. 工程量计算规则、计算参数概念； 2. 查找插座回路工程量计算规则的程序； 3. 确定插座回路工程量计算参数的程序； 4. 计算工程量的程序； 5. 整理工程量计算书的程序； 6. 整理工程量汇总表的程序。	1. 学生能正确计算给定任务插座回路项目工程量，误差在±10%以内； 2. 能够将工程量计算过程完整体现在工程量计算书上，并整理出工程量汇总表。	6
	4. 选择直接工程费定额子目单价	1. 直接工程费、定额子目、单价的概念； 2. 查找相关定额子目的程序。	能从河北省消耗量定额中查找插座回路预算项目的定额子目单价，并在工程量计算书标记定额编号。	
Ⅱ类组合单层建筑安装工程计量与计价	1. 确定系统基本信息	1. 插座回路、照明回路特征； 2. 确定插座回路项目走线方式的程序。	1. 学生能在A4纸上画出插座回路三维草图； 2. 能够在三维草图中正确标记重点位置的长度数据。	6
	2. 确定插座回路工程量	任务载体"Ⅱ类任务" 内容同"Ⅰ类任务"—2、3	标准同"Ⅰ类任务"—2、3	
	3. 确定照明回路基本信息	1. 照明器具概念； 2. 确定照明回路走线方式的程序。	1. 学生能在A4纸上画出照明回路三维草图； 2. 能够在三维草图中正确标记重点位置的长度数据。	
	4. 确定照明回路计量项目	确定照明回路工程计量项目的系统化问题解决方法。	学生能确定合理的工程计量项目；预算列项不出现重复立项、错误立项、漏项的情况。	
	5. 确定照明回路工程量	1. 查找照明回路工程量计算规则的程序； 2. 确定照明回路工程量计算参数的程序； 3. 计算照明回路工程量的程序。	学生能正确计算给定任务照明回路项目工程量；误差在±10%以内。	
	6. 选择直接工程费定额子目单价	任务载体"Ⅱ类任务" 内容同"Ⅰ类组合"—4	标准同"Ⅰ类组合"—4	

续表

任务	子任务	学习内容	产出标准	学时
Ⅲ类组合单层建筑安装工程计量与计价	1. 确定系统基本信息	1. 电气安装项目入户方式分类； 2. 电气安装项目入户走线方式分类； 3. 确定电气安装项目入户方式的程序； 4. 确定电气安装项目入户走线方式的程序。	1. 学生能在A4纸上画出入户配管三维草图； 2. 能够正确说出安装项目的管线入户方式、走线方式； 3. 能够在三维草图中正确标记重点位置的长度数据。	12
	2. 确定入户电缆工程量	1. 查找入户电缆工程量计算规则的程序； 2. 确定入户电缆工程量计算参数的程序； 3. 计算入户电缆工程量的程序。	学生能正确计算入户电缆项目工程量；误差在±10%以内。	
	3. 确定配电箱安装工程量	1. 查找配电箱工程量计算规则的程序； 2. 确定配电箱工程量计算参数的程序； 3. 计算配电箱工程量的程序。	学生能正确计算配电箱工程量；误差在±10%以内。	
	4. 确定照明回路工程量	任务载体"Ⅲ类任务" 内容同"Ⅱ类任务"—4、5	标准同"Ⅱ类任务"—4、5	
	5. 确定插座回路工程量	任务载体"Ⅲ类任务" 内容同"Ⅰ类任务"—2、3	标准同"Ⅰ类任务"—2、3	
	6. 防雷接地系统基本信息	1. 确定防雷接地项目走线方式的程序； 2. 确定防雷接地工程计量项目的系统化问题解决方法。	1. 能够在三维草图中正确标记重点位置的长度数据； 2. 学生能确定合理的工程计量项目；预算列项不出现重复立项、错误立项、漏项的情况。	
	7. 确定防雷接地分部工程量	1. 查找防雷接地工程量计算规则的程序； 2. 确定防雷接地回路工程量计算参数的程序； 3. 计算防雷接地工程量的程序。	学生能正确计算给定任务防雷接地项目工程量；误差在±10%以内。	
	8. 计算电气单位工程定额子目费用	任务载体"Ⅲ类任务" 内容同"Ⅰ类组合"—4	标准同"Ⅰ类组合"—4	

续表

任务	子任务	学习内容	产出标准	学时
Ⅳ类组合单层建筑安装工程计量与计价	1. 确定电气基本信息	Ⅳ类组合电气安装项目走线方式的程序。	能够在三维草图中正确标记重点位置的长度数据。	12
	2. 确定电气工程量	任务载体"Ⅲ类任务"内容同"Ⅲ类任务"—4、5、6、7	标准同"Ⅲ类任务"—4、5、6、7	
	3. 确定给排水基本信息	1. 给排水入户方式分类; 2. 给排水系统管路走线方式分类; 3. 确定给排水项目入户方式的程序; 4. 确定给排水项目走线方式的程序。	1. 学生能在A4纸上画出给水管路的三维草图; 2. 能够正确说出给排水项目的管线入户方式、走线方式; 3. 能够在三维草图中正确标记重点位置的长度数据。	
	4. 确定给排水分部计量项目	确定给排水工程计量项目的系统化问题解决方法。	学生能确定合理的工程计量项目;预算列项不出现重复立项、错误立项、漏项的情况。	
	5. 确定给排水分部工程量	1. 查找给排水工程量计算规则的程序; 2. 确定给排水工程量计算参数的程序; 3. 计算给排水工程量的程序。	学生能正确计算给定任务给排水项目工程量;误差在±10%以内。	
	6. 选择给排水直接工程费定额子目单价	任务载体"Ⅳ类任务"内容同"Ⅰ类组合"—4	标准同"Ⅰ类组合"—4	
Ⅴ类组合单层建筑安装工程计量与计价	1. 确定电气基本信息	Ⅴ类组合电气安装项目走线方式的程序。	能够在三维草图中正确标记重点位置的长度数据。	12
	2. 确定电气工程量	任务载体"Ⅴ类任务"内容同"Ⅲ类任务"—4、5、6、7	标准同"Ⅲ类任务"—4、5、6、7	
	3. 确定电气定额子目费用	任务载体"Ⅴ类任务"内容同"Ⅰ类组合"—4	标准同"Ⅰ类组合"—4	
	4. 确定给排水工程量	任务载体"Ⅴ类任务"内容同"Ⅳ类组合"—4	标准同"Ⅳ类组合"—4	
	5. 确定给排水定额子目费用	任务载体"Ⅴ类任务"内容同"Ⅳ类组合"—5	标准同"Ⅳ类组合"—5	

续表

任务	子任务	学习内容	产出标准	学时
Ⅴ类组合单层建筑安装工程计量与计价	6.确定采暖基本信息	1.采暖入户方式分类； 2.采暖走线方式分类； 3.确定采暖入户方式的程序； 4.确定采暖走线方式的程序。	1.学生能在A4纸上画出电气配管、水暖管路的三维草图； 2.能够正确说出安装项目的管线入户方式、走线方式； 3.能够在三维草图中正确标记重点位置的长度数据。	12
	7.确定采暖计量项目	确定采暖工程计量项目的系统化问题解决方法。	学生能确定合理的工程计量项目；预算列项不出现重复立项、错误立项、漏项的情况。	
	8.确定采暖工程量	1.查找采暖工程量计算规则的程序； 2.确定采暖工程量计算参数的程序； 3.计算采暖工程量的程序。	学生能正确计算给定任务给排水项目工程量；误差在±10%以内。	
	9.选择采暖定额子目单价	任务载体"Ⅴ类任务" 内容同"Ⅰ类组合"—4	标准同"Ⅰ类组合"—4	

五、课程考核

课程考核类型为考试课,采用"50%过程考核+50%期末考试"的方式,授课采用智慧职教MOOC学院在线课程平台,过程得分在MOOC学院平台设置,由系统自动打分；期末试卷由任课教师按照学生答题情况评分。具体分值见附表1-3课程考核内容及分值分配。

附表1-3 课程考核内容及分值分配

考核内容	过程考核(MOOC学院平台)				期末考试
	课程参与度	章节测验	平台作业	平台考试	
分值	30%	10%	5%	5%	50%

合格标准:最终成绩在60分以上。

六、教学建议

1. 教材资源（数字教材）

王争. 安装工程计量与计价[M]. 北京：高等教育电子音像出版社，2022.

2. 师资队伍

教学团队由在校教师与企业导师共同组成，年龄结构与职称结构科学合理。教学团队能较好地把握国内外行业、专业发展，能广泛联系行业企业，了解行业企业对工程造价专业人才的实际需求，具备较强的教学设计、专业研究能力，具有较强的信息化教学能力，能够开展课程教学改革和科学研究。

3. 教学条件

理实一体教室

4. 教学资源

职教云MOOC学院在线课程、多媒体课件、活页教材、工单

5. 教学方法

倡导因材施教、因需施教，教师应能依据专业培养目标、课程教学要求、学生能力与教学资源，采用理实一体化教学、案例教学、项目教学等方法，坚持学中做、做中学，达成预期教学目标。

附录二 《工程管理 BIM 技术应用》课程标准

课程名称:《工程管理 BIM 技术应用》

课程学分:3 学分　　　　课程学时:48

课程类型:专业核心课　　授课对象:三年级

所属专业:工程造价　　　归口教研室:工程管理教研室

一、课程定位

《工程管理 BIM 技术应用》课程是工程造价专业核心课,服务于工程造价专业学生"基于建筑信息模型 BIM 技术施工阶段的工程管理"典型工作任务;同时该课程也是一门职业技能等级证书课程,课程对标"1+X"建筑信息模型职业技能等级考试(建设管理方向)。课程主要讲授施工阶段如何基于建筑信息模型 BIM 技术进行工程进度、质量、成本、资料、合同成本的管理,开展的任务训练是完成一套某三层办公楼的 BIM 应用,以此培养学生对工程项目综合管理的能力。本课程共 48 学时,开设于第 6 学期,前修课程是《工程项目管理》,后续课程是《全过程造价咨询实务》。

二、课程目标

学生学习《工程管理 BIM 技术应用》课程后,能够根据客户需求,基于建筑信息模型 BIM 技术完成施工阶段工程管理任务,为具备高端 BIM 技术服务能力奠定基础。具体应达到以下目标。

1. 了解我国建筑 BIM 技术发展阶段,培养民族自豪感。

2. 了解建筑数字化发展趋势,能创新性解决工作中遇到的实际问题。

3. 具有认真负责的工作态度、遵守行业标准规范的工作作风、为客户负责的意识和价值观,满足客户要求。

4. 能与人合作完成任务，具备较强的团结协作意识、组织协调能力以及沟通能力。

5. 能够根据客户要求完成工程现场管理任务，包括碰撞检测、进度计划管理、质量管理、合同成本管理、资料管理。

6. 能够根据客户要求完成工程现场环境模拟任务，包括施工模拟、施工场地布置。

三、职业能力与课程内容

附表 2-1 为课程职业能力与课程内容对照关系表。

附表 2-1　课程职业能力与课程内容对照关系

工作内容	职业能力分析	支撑能力的知识技能
碰撞检测	造价员依据客户要求，创建不同专业的工作集。	1. 工作集的概念； 2. 创建工作集的程序。
	造价员依据客户要求，进行工程项目的碰撞检测；输出检测报告，并与设计单位沟通检测结果，对图纸进行更正，重新修改模型。	1. 碰撞检测的概念； 2. 工作集碰撞检测的程序； 3. 输出检测报告的程序。
	造价员依据客户要求，进行工程项目孔洞、净高的检测；输出检测报告，并将检测结果与设计单位沟通，对图纸进行更正，重新修改模型。	1. 检测孔洞、净高的原则； 2. 检测孔洞、净高的程序； 3. 输出检测报告的程序。
进度计划管理	造价员依据工程施工组织设计文件编制进度计划； 关联工程模型； 进入驾驶舱模式，进行动画模拟进度情况。	1. 进度计划表的编制原则； 2. 关联工程模型的程序； 3. 进度模拟的程序。
构件信息可视管理	依据客户要求，生成工程不同的视口截图； 能够通过电脑端、手机端等不同终端设备快速查看构件施工等信息； 能够快速查看任意构件（或构件组合）工程量。	1. 生成视口截图的程序； 2. 查看构件信息的程序； 3. 生成构件二维码的程序； 4. 框图出量的程序。
资料管理	依据客户要求上传工程资料； 造价员可以根据权限要求查看所需的工程资料。	1. 上传工程资料的程序； 2. 查看工程资料的程序。
质量管理	造价员依据工程情况确定构件质量检查追踪路径； 能通过协同工作平台，让多方共同进行质量监管。	1. 质量检查追踪路径确定的程序； 2. 系统工作平台操作程序。

续表

工作内容	职业能力分析	支撑能力的知识技能
合同成本管理	造价员依据客户进度要求输出合同清单; 进行5D虚拟演示; 输出计划月报表。	1. 输出合同清单的程序; 2. 5D虚拟演示的程序; 3. 计划月报表输出的程序。
施工模拟	造价员能根据进度计划等确定工程各分部的工期及工序; 进入沙盘驾驶舱,进行施工模拟。	1. 确定分部工程工期及工序的程序; 2. 施工模拟的程序。
施工场地布置	造价员能根据施工场地布置CAD图纸进行三维场地布置。	1. 布置建筑物、围墙的程序; 2. 布置道路的程序; 3. 布置临时设施的程序; 4. 布置设备的程序。

四、课程结构

《工程管理BIM技术应用》课程共计48学时,考虑到本课程安排在工程造价高年级开设,加之课时较少,任务难度控制到多层工程。具体内容见附表2-2课程结构解析。

附表2-2 课程结构解析

任务	子任务	学习内容	产出标准	学时
多层工程现场管理	1. 多层工程碰撞检测	1. 创建工作集的程序; 2. 工作集碰撞检测的程序; 3. 输出检测报告的程序; 4. 检测孔洞、净高的程序。	1. 能够输出碰撞检测报告; 2. 能够输出孔洞、净高检测报告; 3. 能够根据检测报告,提出模型修正意见。	6
	2. 多层工程进度计划管理	1. 进度计划表的编制原则; 2. 关联工程模型的程序; 3. 进度模拟的程序。	1. 能够编制进度计划表,格式为Excel格式; 2. 能够进行进度模拟动画。	4
	3. 多层工程构件信息可视化应用	1. 生成视口截图的程序; 2. 查看构件信息的程序; 3. 生成构件二维码的程序; 4. 框图出量的程序。	1. 能够输出视口Word文件; 2. 能够查看任意构件的施工信息; 3. 能够输出构件二维码,辅助不同终端设备获得构件信息; 4. 能够通过框图出量获得任意构件或构件组合工程量。	4

续表

任务	子任务	学习内容	产出标准	学时
多层工程现场管理	4. 多层工程资料及质量管理	1. 上传工程资料的程序； 2. 查看工程资料的程序。	1. 能够根据客户要求上传资料； 2. 能够根据客户要求快速检索到资料。	2
		1. 质量检查追踪路径确定的程序； 2. 系统工作平台操作程序。	1. 能够在平台上确定质量构件检测顺序； 2. 能够通过协同平台，对质量检测实施多方共管。	2
	5. 多层工程合同成本管理	1. 输出合同清单的程序； 2. 5D虚拟演示的程序； 3. 计划月报表输出的程序。	1. 能够根据客户要求输出进度的成本报表； 2. 能够进行5D模拟。	4
多层工程现场环境模拟	1. 多层工程施工模拟	1. 确定分部工程工期及工序的程序； 2. 施工模拟的程序。	1. 能够准确确定分部工程工序； 2. 能够进行施工模拟展示。	12
	2. 多层工程施工场地布置	1. 布置建筑物、围墙的程序； 2. 布置道路的程序； 3. 布置临时设施的程序； 4. 布置设备的程序。	1. 能够准确理解场布图纸； 2. 能够进行施工三维场布。	14

五、课程考核

课程考核类型为Ⅰ类考核，采用全过程考核方式。采用智慧职教在线课程平台，过程得分在平台设置，由系统自动打分。具体分值见附表2-3课程考核内容及分值分配。

附表2-3 课程考核内容及分值分配

考核内容	课程参与度	章节测验	平台作业	平台考试	线下成果
分值	30%	10%	20%	10%	30%

六、教学建议

1. 教材资源

由工程造价专业教师与企业技术人员合作开发的《工程管理 BIM 技术应用》校本教材。

2. 师资队伍

教学团队由在校教师与企业导师共同组成，年龄结构与职称结构科学合理。教学团队能较好地把握国内外行业、专业发展，能广泛联系行业企业，了解行业企业对工程造价专业人才的实际需求，具备较强的教学设计、专业研究能力，具有较强的信息化教学能力，能够开展课程教学改革和科学研究。

3. 教学条件

工程造价机房、学校信息技术中心

4. 教学资源

职教云在线课程、多媒体课件、活页教材、工单，以及其他学习资源。

（1）鲁班学堂官网 http://www.lubanu.com/
（2）广联达服务新干线 https://www.fwxgx.com/
（3）河北省建设工程造价管理协会 http://www.chinaheca.com.cn/
（4）建设工程造价信息网 http://www.cecn.org.cn/
（5）筑龙网 http://www.zhulong.com/

5. 教学方法

倡导因材施教、因需施教，教师应能依据专业培养目标、课程教学要求、学生能力与教学资源，采用理实一体化教学、案例教学、项目教学等方法，坚持学中做、做中学，达成预期教学目标。

附录三 《建筑工程造价数字化应用》课程标准

课程名称:《建筑工程造价数字化应用》
课程学分:5 学分　　　　　　　　课程学时:80
课程类型:专业核心课　　　　　　授课对象:三年级
所属专业:工程造价　　　　　　　归口教研室:工程管理教研室

一、课程定位

《建筑工程造价数字化应用》课程是工程造价专业核心课,服务于造价员岗位"计算机软件工程计量、计价"典型工作任务。课程主要讲授采用计量、计价软件完成建筑安装工程(土建、钢筋、电气、给排水、采暖、消防、通风空调)项目施工图预算文件的编制方法等内容,开展软件计量与计价任务训练;与同期开设的计量计价手算课程相呼应,培养学生的机算能力。

本课程共 80 学时,前修课程是《土建工程计量与计价Ⅰ、Ⅱ》《安装工程计量与计价Ⅰ、Ⅱ》,后续课程是《建筑 BIM 技术》《工程量清单计量计价与调价Ⅲ》。

二、课程目标

学生学完《建筑工程造价数字化应用》课程后,能够通过计算机软件,运用河北省消耗量定额、工程量计量规范、施工图纸、施工规范、施工组织设计、地方材料价格信息等资料,完成编制单位工程建筑施工图预算的任务。在预算的编制过程中,所使用计价方法等应符合国家标准的规定。具体应达到以下目标。

1. 了解我国建筑工程施工工艺发展阶段,培养民族自豪感。
2. 具有认真负责的工作态度、遵守行业标准规范的工作作风、为客户负责的成本意识和价值观,满足客户对预算准确、及时的要求。

3. 能与人合作完成任务，具备良好的调查研究与计划组织协调能力、团队精神和良好的沟通能力。

4. 具备自主学习、自我提高的能力。本课程任务只针对河北省定额展开，要求学生在学完本课程后，掌握一定的方法并能学习其他地区定额，进而能对其进行正确应用。

5. 了解国际先进工程造价工作模式，能创新性地解决工作中遇到的实际问题。

6. 能够利用计量软件，根据河北省消耗量定额的规定计算土建工程量。

7. 能够利用计量软件，根据河北省消耗量定额的规定计算安装工程量。

8. 能够利用计价软件，确定土建、安装工程直接费。

9. 能够利用计价软件，确定土建、安装工程间接费等费用。

10. 能够利用计价软件，按照合同要求导出工程计价报表。

11. 能够正确地利用软件进行项目各阶段的成本控制工作。

三、职业能力与课程内容

附表 3-1 为课程职业能力与课程内容对照关系表。

附表 3-1　课程职业能力与课程内容对照关系

工作内容	职业能力分析	支撑能力的知识技能
1. 确定土建工程量	1.1　造价员依据工程图纸确定系统基本信息；并能根据系统基本信息进行新建工程。	1. 根据工程图纸，确定工程结构形式、工程规模、算量模式、层数层高、室外地坪等信息的程序； 2. 计量软件新建工程的程序。
	1.2　造价员依据工程图纸、施工工艺建立土建模型；模型构件要与工程图纸相符。	1. 工程量、工程计量项目、工程立项等概念； 2. 根据工程图纸绘制轴网的程序； 3. 确定构建属性、定额项目、绘制构件等操作的程序。
	1.3　造价员利用计量软件，计算工程项目土建工程量；在工作中工程量计算误差控制在实际工程量的±10%以内。	1. 工程量的概念； 2. 查看工程量报表的程序； 3. 导出工程量报表的程序。

续表

工作内容	职业能力分析	支撑能力的知识技能
2. 确定安装工程量	2.1 造价员依据工程图纸确定系统基本信息;并能根据系统基本信息进行新建工程。	1. 根据工程图纸,确定安装专业、算量模式、层数层高等信息的程序; 2. 计量软件新建工程的程序。
	2.2 造价员依据工程图纸、施工工艺建立电气模型;模型构件要与工程图纸相符。	1. 工程量、工程计量项目、工程立项等概念; 2. 导入电子图的程序; 3. 绘制电气设备、管线的程序。
	2.3 造价员依据工程图纸、施工工艺建立水暖模型;模型构件要与工程图纸相符。	1. 导入电子图的程序; 2. 绘制水暖管线、水暖设备的程序。
	2.4 造价员利用计量软件,计算工程项目安装工程量;在工作中工程量计算误差控制在实际工程量的±10%以内。	1. 查看工程量报表的程序; 2. 导出工程量报表的程序。
3. 确定直接费	3.1 造价员依据工程合同,确定工程基本信息;并能根据基本信息在计价软件中进行新建工程。	1. 计价模式、工程信息、取费文件、工程类别等基本信息的查找程序; 2. 新建工程的软件操作程序。
	3.2 造价员依据定额工程量数据,计算定额直接工程费用;在工作中直接工程费用计算误差要控制在工程合同规定范围内。	1. 导入工程量报表的程序; 2. 确定土建、安装工程直接费项目的系统化解决问题方法; 3. 补充定额换算、未计价材料信息的程序。
	3.3 造价员依据定额,计算工程措施费用;在工作中工程措施费用计算误差要控制在工程合同规定范围内。	1. 工程措施费概念; 2. 工程直接费与工程措施费的关系; 3. 根据工程施工工艺,确定工程措施费计算项目的系统化问题解决方法; 4. 计算工程措施费的程序。
4. 计取费用	4.1 造价员依据市场价格信息,按照合同文件规定的方式计算价款调整;计算误差控制在合同规定的范围内。	1. 取费、取费文件、工程类别的概念; 2. 河北省定额中含有哪些专业的取费文件; 3. 根据工程类别,确定取费费率的程序; 4. 价差概念; 5. 根据市场价格文件,确定价差的系统化问题解决方法; 6. 材料价差调整的程序。
	4.2 造价员依据市场价格信息,按照合同文件规定的方式计算独立费;计算误差控制在合同规定的范围内。	1. 独立费概念; 2. 根据工程合同,确定独立费内容的系统化问题解决方法; 3. 计算独立费的程序。

续表

工作内容	职业能力分析	支撑能力的知识技能
4. 计取费用	4.3 造价员依据费用定额,通过取费过程,计算得到工程的企业管理费、规费、利润、安全生产文明施工费、税金等费用;计算基数及计算过程准确无误。	1. 根据工程类别,确定企业管理费、规费、利润的费率的程序; 2. 根据河北省费用定额,确定计算基础的程序; 3. 计算企业管理费、规费、利润、安全生产文明施工费、税金的程序。
	4.4 造价员整理工程计价报表;要求报表符合合同要求,信息齐全。	1. 工程计价报表概念; 2. 根据合同选择工程计价报表的系统化问题解决方法; 3. 导出工程计价报表的程序。

四、课程结构

《建筑工程造价数字化应用》课程共计 80 学时,按照任务难度由简单到复杂分为 2 个学习任务,每个学习任务都是经教学化处理的真实完整工作任务。每个学习任务按照工作内容分为若干子任务,每个子任务承载一定的学习内容,对知识点、技能点明确了产出标准,具体见附表 3-2 课程结构解析。

附表 3-2　课程结构解析

任务	子任务	学习内容	产出标准	学时
低层砌体工程识图与建模	1. 低层砌体工程识图	1. 确定任务载体"二层浴室"工程专业类型; 2. 确定任务载体"二层浴室"工程规模; 3. 确定任务载体"二层浴室"关键部位的工艺做法。	能够确定工程专业类型、工程规模、关键部位的工艺做法,完成新建工程。	6
	2. 低层砌体工程建模	1. 利用鲁班土建软件对任务载体"二层浴室"工程建模; 2. 建模范围仅涵盖"二层浴室"工程的主体部分,包括轴网、墙体、门窗洞口、圈梁过梁构造柱、单梁、楼板、条形基础。	1. 能根据工程图纸识读结果,定义软件建模环境; 2. 能利用鲁班土建计量软件对低层砌体工程建模; 3. 能够做出工程三维模型。	26

191

续表

任务	子任务	学习内容	产出标准	学时
低层砌体工程土建专业定额计量与计价	1. 低层砌体工程土建专业定额工程量计量（手工建模）	1. 利用鲁班土建软件对任务载体"三层办公楼"工程建模，并在建模基础上完成软件计量； 2. 建模范围涵盖"三层办公楼"工程的主体、零星构件、土方、屋面、外墙装饰，包括轴网、墙体、门窗洞口、圈梁过梁构造柱、单梁、楼板、楼梯、台阶坡道散水、外墙保温及装饰、屋面工程、挑檐天沟、条形基础、地圈梁、土方。	1. 能利用鲁班土建计量软件对低层砌体工程手工建模，并在建模基础上完成软件计量； 2. 完成工程量计算书。	30
	2. 低层砌体工程土建专业定额工程量计量（CAD导图）	1. 利用鲁班土建软件对任务载体"三层办公楼"工程进行CAD导图建模，并在建模基础上完成软件计量； 2. 建模范围涵盖"三层办公楼"适合CAD导图的项目：轴网、墙体、门窗洞口、单梁、楼板。	1. 能利用鲁班土建计量软件对低层砌体工程进行CAD导图建模，并在建模基础上完成软件计量； 2. 完成工程量计算书。	6
	3. 低层砌体工程土建专业定额计价	1. 利用新奔腾计价软件对任务载体"三层办公楼"工程从鲁班土建软件中做出的土建项目工程量进行定额计价； 2. 计价项目包括实体项目、措施项目、调整人材机市场价格、独立费、工程取费。	1. 能根据工程情况、费用文件要求，定义计价软件环境； 2. 能利用新奔腾计价软件对已完成算量的土建专业工程项目进行定额计价； 3. 完成工程计价报表。	6
	4. 低层砌体工程钢筋专业定额计量与计价	1. 利用鲁班钢筋软件对任务载体"三层办公楼"工程从鲁班土建软件中导出的.LBIM模型文件进行钢筋计量，并导出钢筋工程量报表； 2. 钢筋计量项目包括过梁、圈梁、构造柱、板下单梁、楼板、楼梯； 3. 在任务2.3载体土建项目计价模型上，再利用新奔腾计价软件任务载体"三层办公楼"对钢筋工程量进行定额计价； 4. 钢筋计价项目包括实体项目、调整钢筋市场单价。	1. 能根据工程图纸识读结果，定义鲁班钢筋软件建模环境； 2. 能利用鲁班钢筋软件对已完成算量的鲁班土建专业模型进行钢筋工程计量； 3. 能利用新奔腾计价软件对钢筋工程进行计价； 4. 完成工程计价报表。	6

《建筑工程造价数字化应用》课程成果文件具体内容见附表3-3课程成果汇总。

附表3-3 课程成果汇总

低层砌体工程识图与建模	"二层浴室"工程的土建模型文件
低层砌体工程土建专业定额计量与计价	(1)"三层办公楼"工程的土建模型文件； (2)"三层办公楼"工程的土建专业定额工程量汇总Excel表； (3)"三层办公楼"工程的土建模型(CAD导图)文件； (4)"三层办公楼"工程的土建专业定额工程量(CAD导图)汇总Excel表； (5)"三层办公楼"工程的土建项目计价模型； (6)"三层办公楼"工程的土建项目定额预算报表Excel表； (7)"三层办公楼"工程的钢筋模型文件； (8)"三层办公楼"工程的钢筋工程量汇总Excel表； (9)"三层办公楼"工程土建工程(含钢筋)计价模型； (10)"三层办公楼"工程土建工程(含钢筋)定额预算报表Excel报表。

五、课程考核

课程考核类型为Ⅰ类课，采用过程考核的方式，授课采用职教云《建筑工程造价数字化应用》课程平台，过程得分在职教云平台设置，由系统自动打分。具体分值见附表3-4课程考核内容及分值分配。

附表3-4 课程考核内容及分值分配

考核内容	过程考核(课程平台)				成果作业
	课程参与度	章节测验	平台作业	平台考试	
分值	10%	30%	5%	5%	50%

合格标准：最终成绩在60分以上。

六、教学建议

1. 教材资源

由工程造价专业教师与企业技术人员合作开发的《建筑工程造价数字化应用》校本教材。

2. 师资队伍

教学团队由在校教师与企业导师共同组成，年龄结构与职称结构科学合理。教学团队能较好地把握国内外行业、专业发展,能广泛联系行业企业,了解行业企业对工程造价专业人才的实际需求,具备较强的教学设计、专业研究能力,具有较强的信息化教学能力,能够开展课程教学改革和科学研究。

3. 教学条件

工程造价机房、学校信息技术中心。

4. 教学资源

职教云在线课程、多媒体课件、活页教材、工单,以及其他学习资源。

(1) 鲁班学堂官网 http://www.lubanu.com/

(2) 广联达服务新干线 https://www.fwxgx.com/

(3) 河北省建设工程造价管理协会 http://www.chinaheca.com.cn/

(4) 建设工程造价信息网 http://www.cecn.org.cn/

(5) 筑龙网 http://www.zhulong.com/

5. 教学方法和策略

(1) 教学方法

四元教学设计方法是从工程造价工作实际出发,选择真实完整的任务作为载体,并对真实完整的任务进行教学简化,合理划分任务类别;在设计每个任务类别时,考虑脚手架的搭设和撤除,合理设计教学任务序列。

从实际工作角度出发,开发任务技能层级,对各项技能点进行分析,设计技能点对应的课程学习内容,并根据不同的技能对学习内容进行分类,划分为程序性信息、支持性信息。

(2) 教学策略

根据不同性质的学习内容,采用不同的教学策略和反馈策略,以实现分类教学。程序性信息对应的是演绎性教学策略和矫正性反馈,支持性信息对应的是归纳性教学策略和认知反馈。

另外,课程采用SPOC在线课程平台作为授课工具,在授课过程中实现混合式教学。

附录四 《工程项目管理》课程标准

课程名称:《工程项目管理》

课程学分:2学分　　　　　　　课程学时:32

课程类型:专业基础课　　　　　授课对象:二年级

所属专业:工程造价　　　　　　归口教研室:工程管理教研室

一、课程定位

《工程项目管理》课程是工程造价专业基础课,学生通过了解行业新动态(装配工业化、智能建造)、新技术(绿色施工、BIM信息技术)及新工艺,掌握流水施工组织方式、施工进度计划的编制方法及调整和施工质量管理、进度管理及成本管理措施;学生通过学习此领域的知识和技能,能够熟练运用BIM软件技术编制各种类型施工组织设计,具备行业洞察力和前瞻性及初步施工管理能力,具有工程造价师的初步岗位背景;具备质量第一、安全至上的职业岗位素养,具有脚踏实地、实事求是、一丝不苟、吃苦耐劳的工作态度。本课程共32学时,其中理实一体课程16学时,软件操作训练课程16学时。

二、课程目标

采用项目引领、任务驱动的教学模式,依据工程项目管理典型工作流程,完成施工组织设计文件的编制,使高等职业院校建筑工程技术专业的学生掌握施工组织设计的基本知识,培养学生的组织、计划、执行、协调综合管理水平和能力。

1. 知识目标

根据施工组织设计的信息和资料,知道施工现场布置的相关内容,列出属于施工组织设计的内容。

将施工准备工作计划、材料及构配件资源配置计划表、施工方法、施工进度计划表、施工平面图等各个部分汇总在施工组织设计文件中,编制完成用于招投标及指导现场施工的单位工程施工组织设计文件。

根据工程实际情况、图纸、施工规范、工程预算书、工程量大小,确定流水施工组织方式,绘制分部工程流水施工进度计划表。

根据工程实际情况、图纸、施工规范、工程预算书、工程量大小、工作之间逻辑关系,确定分部工程流水施工双代号网络计划的绘制方法,求算各工作时间参数,确定分部工程网络计算工期。

根据工程实际情况、图纸、施工规范、工程预算书、工程量大小、工作之间逻辑关系,确定分部工程流水施工单代号网络计划的绘制方法,求算各工作时间参数,确定分部工程网络计算工期,编制流水施工计划表。

2. 能力目标

根据工程实际情况、现场运输条件、施工安全管理、材料、构件、半成品构件需要量计划、图纸要求、施工规范等,确定单位工程施工平面图绘制比例,设计单位工程施工平面图。

根据拟建工程实际情况、工程设计文件要求、法律法规、施工技术标准、图纸要求等,确定单位工程施工部署、选择主要分部分项工程施工方法和施工机械,绘制单位工程施工进度计划、设计单位工程施工现场平面布置图,编制单位工程施工组织设计文件。

收集、整理及分析工程项目资料信息,准确判断施工现场状况,合理设计施工现场临时设施,在落实人工、机械、材料、方法、环境五大要素基础上,熟练操作场布软件和进度计划软件。

3. 素养目标

具备实事求是、一丝不苟的职业素养,具有合同管理意识。
具备运筹帷幄、按部就班的专业素养,具有进度管理意识。
具备新益求新、别具匠心的创新精神,具有信息管理意识。
具备物尽其用、精益求精的工匠精神,具有环境管理和资源管理意识。

具备精诚团结、和谐共处的包容意识,具有沟通管理和组织协调意识。
具备精雕细琢、质量至上的优质意识,具有质量管理和技术管理意识。
具备兢兢业业、防患未然的安全意识,具有风险管理和安全管理意识。

三、职业能力与课程内容

附表 4-1 为课程职业能力与课程内容对照关系表。

附表 4-1　课程职业能力与课程内容对照关系

工作内容	职业能力分析	支撑能力的知识技能
1. 编制施工现场准备工作计划	1.1　工程师能够根据工程实际情况、建设程序,划分建设项目类别,要求划分准确。	1. 建设项目的分类; 2. 建筑施工及建筑产品的特点; 3. 根据工程实际情况,确定项目建设程序; 4. 根据工程验收要求及规模大小,确定项目建设类别的原则; 5. 单项工程、单位工程、分部工程、分项工程的概念。
	1.2　工程师能够根据工程实际情况,调查分析原始资料,编制施工现场准备工作计划,要求内容齐全、不缺项、不漏项。	1. 根据当地实际情况确定自然条件调查分析的程序; 2. 根据实际工程情况确定技术经济条件调查分析的程序; 3. 根据实际工程情况填写主要设备、材料和物资调查表的程序; 4. 根据季节类别确定季节性施工准备的程序; 5. 整理施工准备工作计划的程序。
2. 绘制施工总平面图	2.1　工程师能够根据工程实际情况、现场运输条件、施工安全管理、材料、构件、半成品构件需要量计划、图纸要求、施工规范等,确定单位工程施工平面图绘制比例,设计单位工程施工平面图,要求内容齐全、不缺项,简图绘制比例合理,线条符合规范要求。	1. 建筑 CAD 绘图标准; 2. 建筑制图的绘制要求及程序; 3. 根据工程规模大小确定单位工程施工平面图绘制比例的程序; 4. 根据工程实际情况、施工现场条件、企业施工水平绘制单位工程施工平面图的程序。
	2.2　工程师能够根据设计文件要求、施工规范审查施工图纸,要求审查项目齐全,不漏项。	1. 有关工程设计及施工的法律法规; 2. 建筑施工图纸与结构施工图识读的程序; 3. 图纸自审的程序; 4. 图纸会审的程序; 5. 现场签证的程序; 6. 填写《图纸会审纪要》的程序。

续表

工作内容	职业能力分析	支撑能力的知识技能
3. 编制施工总进度计划	3.1 工程师能够根据工程实际情况确定流水施工组织方式,绘制流水施工进度计划横道图,要求绘图清晰、准确。	1. 流水施工工艺参数、空间参数、时间参数的概念; 2. 根据实际工程细分情况划分流水施工过程的程序; 3. 根据实际工程情况、工程规模大小划分流水施工段的程序; 4. 根据流水节奏特征确定流水施工节拍的程序; 5. 确定流水施工计算工期的程序。
	3.2 工程师能够根据工程实际确定施工进度计划保证措施,制定确保工期的组织、管理和技术措施,并确定工程双代号网络计划逻辑关系,绘制工程双代号网络计划图,求算双代号网络计划计算工期,编制双代号时标网络计划表,要求绘图准确,计算方法准确。	1. 双代号网络计划、时标网络计划的概念; 2. 工作最早开始时间、最早结束时间、最迟开始时间、最迟结束时间、总时差、自由时差、节点最早时间、节点最迟时间的概念; 3. 关键工作和关键线路的概念; 4. 根据施工工艺、施工程序确定双代号网络图逻辑关系的程序; 5. 根据网络图逻辑关系绘制工程双代号网络计划的程序; 6. 施工定额中确定流水节拍的方式; 7. 根据双代号参数的数值大小及特点确定工程双代号网络计划时间参数的程序; 8. 根据工程实际情况、施工组织设计规范要求、双代号网络计划逻辑关系确定双代号时间坐标网络计划的程序; 9. 利用软件绘制网络计划进度计划表的程序。
	3.3 工程师能够根据工程实际情况、确定流水施工组织方式,绘制流水施工资源曲线表,要求绘图清晰、准确。	1. 水平指示图表、垂直指示图表的概念; 2. 根据流水参数数值及特征组织等节奏流水施工的程序; 3. 根据流水参数数值及特征组织异节奏流水施工的程序; 4. 根据流水参数数值及特征组织无节奏流水施工的程序; 5. 资源消耗量、资源强度的概念; 6. 根据资源消耗量确定资源曲线表的程序。

续表

工作内容	职业能力分析	支撑能力的知识技能
4. 编制主要分部分项工程施工方案	工程师能够根据工程实际情况、施工图纸、企业施工水平进行施工部署,编制主要分部分项工程施工方案,编制单位工程施工组织设计,要求项目齐全,文字简练,不漏项。	1. 根据工程实际情况进行施工部署的程序; 2. 根据工程特点、施工技术条件编制分部分项工程施工方案的程序; 3. 将工程概况、施工方案、施工现场平面布置图、施工进度计划表等编制汇总成单位工程施工组织设计的程序。

四、课程结构

《工程项目管理》课程共计 32 学时,按照任务类别以及难度由简单到复杂分为 3 个学习任务,每个学习任务都是经教学化处理的真实完整工作任务。每个学习任务按照工作内容分为若干子任务,每个子任务承载一定的学习内容,对知识点、技能点明确了产出标准,具体见附表 4-2 课程结构解析。

附表 4-2　课程结构解析

任务	子任务	学习内容	产出标准	学时
1. 建筑工程基础知识	1. 编制施工现场准备工作计划	1. 建设项目的分类; 2. 建筑施工及建筑产品的特点; 3. 根据工程实际情况,确定项目建设程序; 4. 根据工程验收要求及规模大小,确定项目建设类别的原则; 5. 单项工程、单位工程、分部工程、分项工程的概念; 6. 根据实际工程情况,建筑材料、构配件、建筑机械等物资条件,确定物资准备计划的程序; 7. 根据实际工程情况,确定施工现场准备计划的程序; 8. 根据季节类别确定季节性施工准备的程序; 9. 整理施工准备工作计划的程序。	1. 学生能够根据工程特点和规模,说出建设项目的类别,同时能够确定该类别对应的工程特点; 2. 能够根据工程项目进程,判断项目建设的阶段,并指出该阶段的主要工作; 3. 根据给定的分部分项工程施工特点、施工企业施工水平确定施工现场准备工作计划; 4. 根据给定的单位工程施工特点、施工企业施工水平、施工规范确定施工准备工作计划。	2

续表

任务	子任务	学习内容	产出标准	学时
2. 组织流水施工进度计划、编制工程网络进度计划表	1. 流水施工原理	1. 流水施工工艺参数、空间参数、时间参数的概念； 2. 根据实际工程细分情况划分流水施工过程的程序； 3. 根据实际工程情况、工程规模大小划分流水施工段的程序； 4. 根据流水节奏特征确定流水施工节拍的程序； 5. 确定流水施工计算工期的程序。	1. 根据给定单层建筑的分部工程施工规模和特点，划分施工过程，选择施工段数量，组织等节奏流水施工，求算流水节拍大小及流水工期的数值； 2. 根据给定单层建筑的基础工程施工规模和特点，划分施工过程，选择施工段数量，组织异节奏流水施工，求算流水节拍大小及流水工期的数值； 3. 根据给定单层建筑的分部工程施工规模和特点，划分施工过程，选择施工段数量，组织无节奏流水施工，求算流水节拍大小及流水工期的数值。	6
	2. 组织等节奏和异节奏流水施工的程序	1. 水平指示图表、垂直指示图表的概念； 2. 根据流水参数数值及特征组织等节奏流水施工的程序； 3. 根据流水参数数值及特征组织异节奏流水施工的程序。	1. 根据给定单层建筑的基础工程施工规模和特点，划分施工过程，选择施工段数量，组织等节奏有间歇流水施工，求算流水节拍大小及流水工期的数值，绘制流水施工水平指示图表及垂直指示图表。 2. 根据给定单层建筑的基础工程施工规模和特点，划分施工过程，选择施工段数量，组织异节奏有间歇流水施工，求算流水节拍大小及流水工期的数值，绘制流水施工水平指示图表。	
	3. 组织无节奏流水施工的程序	根据流水参数数值及特征组织无节奏流水施工的程序。	根据给定单层建筑的基础工程施工规模和特点，划分施工过程，选择施工段数量，组织无节奏有间歇流水施工，求算流水节拍大小及流水工期的数值，绘制流水施工水平指示图表。	
	4. 网络计划技术概述	1. 双代号网络计划的概念； 2. 根据施工工艺、施工程序确定双代号网络图逻辑关系的程序； 3. 根据网络图逻辑关系绘制工程双代号网络计划的程序； 4. 施工定额中确定流水节拍的方式； 5. 流水横道图与网络图转换的程序。	1. 根据给定单层建筑的工程施工规模和特点，划分施工过程，确定双代号网络图三要素，绘制无虚工作双代号网络图； 2. 根据给定单层建筑的工程施工规模和特点，划分施工过程，确定双代号网络图三要素，绘制有虚工作双代号网络图； 3. 根据给定单层建筑的工程流水进度横道图，绘制双代号网络图。	8

续表

任务	子任务	学习内容	产出标准	学时
2.组织流水施工进度计划、编制工程网络进度计划表	5.求算双代号网络计划时间参数	1.关键工作和关键线路的概念; 2.工作最早开始时间、最早结束时间、最迟开始时间、最迟结束时间、总时差、自由时差、节点最早时间、节点最迟时间的概念; 3.根据双代号参数的数值大小及特点确定工程双代号网络计划工作六时参数的程序; 4.根据双代号参数的数值大小及特点确定工程双代号网络计划节点时间参数的程序; 5.工作计算法与节点计算法转换的程序。	1.根据给定单层建筑的工程双代号网络图(无虚工作),求算各工作时间参数,确定计算工期和关键线路; 2.根据给定单层建筑的工程双代号网络图(有虚工作),求算各工作时间参数,确定计算工期和关键线路; 3.根据给定单层建筑的工程双代号网络图(有虚工作),求算各节点参数,确定计算工期和关键线路; 4.根据给定单层建筑的工程双代号网络图各工作参数,推算各节点参数。	8
	6.编制工程双代号时间坐标网络计划图	1.时标网络计划的概念; 2.根据工程实际情况、施工组织设计规范要求、双代号网络计划逻辑关系确定双代号时间坐标网络计划的程序。	1.根据给定单层建筑的工程网络计划逻辑关系确定双代号时间坐标网络计划,求算各工作时间参数,确定计算工期和关键线路; 2.根据给定的网络计划逻辑关系,利用翰文软件绘制网络进度计划表。	
	7.编制工程单代号网络计划图	1.单代号网络计划、搭接网络计划的概念; 2.根据施工工艺、施工程序确定单代号网络图逻辑关系的程序; 3.根据网络图逻辑关系绘制装饰工程单代号网络计划的程序; 4.根据单代号参数的数值大小及特点确定装饰工程单代号网络计划时间参数的程序; 5.根据工程实际情况、施工组织设计规范要求、单代号网络计划逻辑关系确定单代号搭接网络计划的程序。	1.根据给定单层建筑的装饰工程施工规模和特点,划分施工过程,确定单代号网络图逻辑关系,绘制单代号网络图; 2.根据给定单层建筑的装饰工程施工规模和特点,划分施工过程,确定单代号网络图逻辑关系,绘制单代号网络图,计算各工作时间参数; 3.根据已知工程特点和单代号网络计划,确定单代号搭接网络计划。	

续表

任务	子任务	学习内容	产出标准	学时
3. 编制单位工程施工组织设计	1. 设计单位工程施工平面图	1. 建筑CAD绘图标准； 2. 建筑制图的绘制要求及程序； 3. 根据工程规模大小确定单位工程施工平面图绘制比例的程序； 4. 根据工程实际情况、施工现场条件、企业施工水平绘制单位工程施工平面图的程序。	1. 根据给定的工程概况和实际工程特点,确定起重机械的平面位置以及开行路线； 2. 根据给定的工程概况和企业施工水平,确定单位工程施工平面图绘制比例,利用软件绘制单位工程施工平面图。	16
	2. 编制主要分部分项工程施工方案	根据工程特点、施工技术条件编制分部分项工程施工方案的程序。	根据给定的工程概况和施工技术水平,编制单位工程土方开挖及基坑支护安全专项施工方案。	
	3. 编制流水施工进度计划表	1. 根据实际工程细分情况划分流水施工过程的程序； 2. 利用软件绘制网络计划进度计划表的程序。	1、根据实际工程情况、工程规模大小划分流水施工段的程序； 2. 根据流水节奏特征确定流水施工节拍的程序； 3. 利用软件绘制流水施工进度计划表的程序。	
	4. 编制工程网络进度计划表	1、根据网络图逻辑关系绘制工程双代号网络计划的程序； 2、利用软件编制双代号时标网络计划表的程序； 3. 资源消耗量、资源强度的概念； 4. 根据资源消耗量确定资源曲线表的程序。	1. 根据双代号参数的数值大小及特点确定工程双代号网络计划时间参数的程序； 2. 根据工程实际情况、施工组织设计规范要求、双代号网络计划逻辑关系确定双代号时间坐标网络计划的程序； 3. 利用软件绘制网络计划进度计划表的程序； 4. 根据给定的流水施工单位时间资源消耗量绘制资源曲线表； 5. 利用资源曲线表确定主要人员、机械用量,填写资源用量表。	
	5. 编制施工组织设计	1. 将工程概况、施工方案、施工现场平面布置图、施工进度计划表等编制汇总成单位工程施工组织设计的程序； 2. 利用软件进行施工资料汇总的程序。	1. 根据给定的工程概况和施工技术水平,编制单位工程施工组织设计； 2. 根据给定的工程概况和施工技术水平,利用筑业软件编制单位工程施工组织设计文件。	

五、课程考核

课程考核类型为考试课(Ⅱ类考核),采用"20%过程考核+30%期中考试+50%期末考试"的方式,授课采用理论讲授和软件操作两种方式,过程得分在职教云平台设置,由系统自动打分。期中试卷和期末试卷由任课教师按照学生答题情况评分。具体情况见附表4-3课程考核内容及分值分配。

附表4-3 课程考核内容及分值分配

考核内容	过程考核			考试	
	出勤率	职教云学习	章节作业	期中考试	期末考试
分值	5%	5%	10%	30%	50%

合格标准:最终成绩在60分以上。

本课程对应的"X"证书为建筑工程施工工艺实施与管理职业等级证书(中级)。

六、教学建议

(一) 教材与资源选用

1. 教材选用

教材选用来源:教高函〔2012〕21号、教高函〔2014〕8号、"十二五"普通高等教育本科国家级规划教材。举例如下。

①丛培经. 工程项目管理[M]. 5版. 北京:中国建筑工业出版社,2017.

②潘炳玉,付国永. 建设工程项目管理[M]. 3版. 北京:化学工业出版社,2020.

2. 图书、文献配备基本要求

图书、文献配备应能满足学生全面发展、教科研工作、专业建设等的需要,方便师生查询、借阅。其中专业类图书主要包括有关建筑工程施工技术、方法、方案编制以及实务操作类图书,经济、管理、工程技术和文化类文献等。

3. 数字资源配置基本要求

数字资源应包括专业文献、音视频资料、电子教材、教辅材料、教学课件、案例库、行业政策法规资料、职业考评、就业创业信息等,形式多样、使用便捷、动态更新,充分利用好国家教学资源库相关资源。

(二) 师资队伍

1. 队伍结构

学生数与本专业专任教师数比例不高于 25∶1,"双师"素质教师占专业教师总数的比例一般不低于 60%,专任教师队伍要考虑职称、年龄等因素,形成合理的梯队结构。

2. 专任教师

专任教师要具有高等学校教师任职资格。专任教师要有理想信念、道德情操、扎实学识和仁爱之心;具有建筑工程技术相关专业本科及以上学历;具有扎实的建筑工程技术专业相关理论功底和实践能力;具有较强信息化教学能力,能够开展课程教学改革和科学研究;每 5 年累计不少于 6 个月的企业实践经历。

3. 兼职教师

兼职教师主要从建筑业企业聘任,要具备良好的思想政治素质、职业道德和工匠精神,具有扎实的建筑工程技术专业知识和丰富的实际工作经验,具有中级及以上相关专业职称,能承担专业课程教学、实习实训指导和学生职业发展规划指导等教学任务。

(三) 教学条件

教学条件主要包括能够满足正常课程教学、实习实训所需的专业教室、实训室和实训基地。

1. 专业教室基本条件

一般配备黑(白)板、多媒体计算机、投影设备、音响设备,互联网接入或 WiFi 环境,并具有网络安全防护措施。安装应急照明装置并保持良好状态,符合紧急疏散要求,标志明显,保持逃生通道畅通无阻。

2. 施工组织实训室

配备服务器、投影设备、白板、交换机、计算机、扫描仪、打印机,网络接入或 WiFi 环境。安装施工项目管理相关软件,配备项目管理案例资料及施工现场布置图库或模型。用于施工组织课程教学与实训。

3. 校外实训基地基本要求

具有稳定的校外实训基地。能够开展建筑工程技术专业施工组织设计实践教学活动,实训设施齐备,实训岗位、实训指导教师确定,实训管理及实施规章制度齐全。

4. 支持信息化教学方面的基本要求

具有利用数字化教学资源库、文献资料、常见问题解答等信息化条件。引导、鼓励教师开发并利用信息化教学资源、教学平台,创新教学方法、提升教学效果。

(四) 教学方法

倡导因材施教、因需施教,教师应能依据专业培养目标、课程教学要求、学生能力与教学资源,采用理实一体化教学、案例教学、项目教学等方法,多引用实际工程资料,坚持学中做、做中学,达成预期教学目标。

后　记

教育部副部长吴岩指出,要打造职业教育新基建"五金",让职业教育成为中国教育的"脊梁"!在"五金"建设中,"金专"是五金新基建的核心和目标。职业教育作为与产业关联最为密切的教育类型,其类型教育特征以及服务区域经济社会发展的核心办学宗旨,决定了职业教育"金专"建设必须紧密围绕产业政策导向、社会需求展开。

本专著作为河北科技工程职业技术大学职业本科专业人才培养方案编制的重要研究成果,展现了学校在职业教育专业建设、人才培养方案编制领域的深入探索与创新实践。通过理论借鉴与方案设计、项目实践、成效检验、经验推广的研究脉络,团队系统地完成了职业本科人才培养方案的编制工作,并以工程造价专业为例,形成了一整套科学、合理且具有示范意义的人才培养方案相关文件。

撰写团队旨在通过本专著的出版与推广,能为职业本科专业制定人才培养方案时提供重要参考与灵感来源。其主要目标体现在以下几个方面:首先,提升职业本科教育的整体质量与标准,驱动职业教育向更高阶段、更高品质迈进;其次,通过制定的人才培养方案及相关文档,为其他职业院校树立可复制、易推广的典范,促进职业教育资源的有效共享与优化配置;最后,增强社会各界对职业教育的认可度和信任感,进而提升职业教育的社会地位及影响力。

河北科技工程职业技术大学建筑工程系全体教师均不同程度地参与了职业本科人才培养方案的制定工作,广泛开展了专业政策文件的调研与人才社会需求的分析;教育行业专家周凌波、关键等给出了较好的修正建议,李文静、李晓丹提供了数据分析技术支持;河海大学出版社高晓珍等进行了认真的策划和编排,这些均为最终成果的形成打下了坚实的基础。

在专著成书过程中,撰写者参阅了不少文献,部分没有一一开列,在此一并表示衷心的谢忱!最后,谨向为本专著编撰与出版做出贡献以及关心河北科技工程职业技术大学事业发展的各界人士致以诚挚的谢意!

著者

2025 年 1 月